2030年可持续发展目标的进展及对策研究

2030NIAN KECHIXU FAZHAN MUBIAO DE JINZHAN JI DUICE YANJIU

中国国际扶贫中心　主编

中国农业出版社
农村读物出版社
北　京

《新冠肺炎疫情对2030年可持续发展目标的影响及对策研究》项目组

（本书是项目的部分研究成果）

项目联合主持人及负责人

谭卫平　张慧东　殷格非

项目组成员

陈玉杰　邓高超　管竹笋　崔　娟

吕阳玲　张　笛　饶　芸

前言

FOREWORD

在全球化高度发展的今天，新冠肺炎疫情大流行所带来的影响超过了人类历史上任何一次传染病对人类的影响，一场前所未有的健康、经济和社会危机正在威胁全人类的生命和生计，使得联合国2030年可持续发展目标的实现更加具有挑战性。距离实现联合国2030年可持续发展目标（SDGs）只剩不到十年的时间，开展新冠肺炎疫情对SDGs目标的影响及对策研究，能够厘清新冠肺炎疫情对SDGs的影响现状，总结国内外应对新冠肺炎疫情的典型经验，可以为减缓新冠肺炎疫情影响、如期实现2030年可持续发展目标提出可行对策，对全球战胜新冠肺炎疫情、各个国家疫后复苏和SDGs重回正轨具有重要意义。

本书基于文献研究、问卷调研方法，从社会、经济、环境和伙伴关系四个方面分析新冠肺炎疫情对2030年可持续发展目标的影响，梳理国际社会和中国应对疫情以促进联合国可持续发展目标实现的经验，基于此，分析得出疫情对联合国2030年可持续发展目标的影响趋势、结论和对策，为国际社会全面和具体认识疫情对可持续发展目标的影响，提供全面的评估框架和参考。

第一，通过对联合国2030年可持续发展目标169个子目标进行逐一分析发现：169个子目标中的119个子目标受疫情影响明显，50个子目标受疫情影响不明显，其中“目标1　无贫穷”“目标4　优质教育”“目标13　气候变化”下所有子目标均受疫情影响明显。从社会、经济、环境、伙伴关系四个维度对疫情的影响进行综合分析后发现：从社会方面来看，新冠肺炎疫情已经威胁到人类的生存和社会的发展，同时也为新的发展变革带来了契机；从经济方面来看，新冠肺炎疫情造成全球经济下滑和失业增加，使弱势群体遭遇更多不平等，并造成国家之间新的经济差距，但也催动关注点转向新的更可持续的发展领域；从环境方面来看，新冠肺炎疫情在增加环境范畴各目标实现难度的同时，也客观上给生态保护和恢复带来积极影响；从伙伴关系方面来看，新冠肺炎疫情导致国际投资、贸易等问题都受到极大影响，但疫情在全球的大流行促使各个国家相互援助，有利于加强伙伴关系。

第二，挖掘国内外应对新冠肺炎疫情的典型案例。从国际应对疫情影响、促进SDGs目标实现的典型实践和经验来看：各国为防控疫情采取的各项举措对于SDGs目标的实现都有一定的促进作用，各国积极应对疫情带来的极端贫困人口增加、粮食安全问题、教育不平等、民生福祉水平降低等问题，采取维稳金融、救助企业、复工复产、转型升级等举措缓解疫情对经济造成的影响，开始反思人类活动对地球的生态环境的影响，努力加强全球环境可持续发展能力。中国在疫情防控过程中，准确客观地研判疫情形势，分级分区分类指导疫情防控工作，实施一系列针对性强、切实有效、严格的策略和措施，维护人民生命安全和身体健康，全力推动复工复产，抓好“六稳”“六保”任务，积极统筹疫情防控和经济社会发展，同时秉持人类命运共同体理念，肩负大国担当，同其他国家并肩作战、共克时艰，第一时间向国际社会通报疫情信息，毫无保留同各方分享防控和救治经验，尽己所能向国际社会提供人道主义援助，支持全球抗击疫情。

第三，基于相关权威社会组织、专家学者的预测，整理发现疫情对2030年可持续发展目标的影响趋势：涉及饥饿贫困、健康福祉、教育、性别平等、清洁获取等人类生存和社会发展的相关可持续发展目标，如不采取快速、重大和实质性的政策措施，都无法在2030年按计划达成，甚至将无法重回疫情前实现2030年目标的轨道上；涉及产业发展、劳动就业、生产消费等经济相关的可持续发展目标，短期来看造成了明显的影响，与此同时，技术和创新也展现出巨大潜力，对经济向好发展具有很强的支撑作用；涉及环境相关可持续发展目标，疫情提醒我们人类社会依赖一个健康的地球来支撑健康的生命，让人类重新思考与自然生态的关系，这是疫情为环境带来的积极影响，但从目前环境相关目标的进展来看，若不加速进展，仍旧是没办法按计划如期实现2030年可持续发展议程的；涉及伙伴关系的可持续发展目标，疫情等突发问题有利于伙伴关系的建立和巩固，寻求转型的多方利益相关者伙伴关系有助于在疫情期间推进可持续发展目标的进展。

基于以上研究，为减缓新冠肺炎疫情影响、推进2030年可持续发展目标实现，针对全球发展提出以下针对性建议。社会方面：完善针对突发公共卫生事件的社会保障和社会福利体系，重点加强对弱势群体和困难群体提供基本保障的能力；推动网络远程教育普及，提供健康安全的学习环境，助力实现优质教育资源共享；积极关注全球妇女和儿童的健康和发展，提供工作机会、食物、法律援助支持，减少暴力和歧视；加强城市空间资源合理调整配置，推动城市更新和贫民窟改造，完善人类居住社区公共基础设施配套服务；增加在可持续农业、可持续能源领域的投资和支持力度，确保粮食需求和可负担的能源供给；预防和减少全球武装冲突，共建和平包容的全球环境。经济方面：保持有利于支持中小企业复工复产的财政政策和货币政策，缓解其生产经营困难和促进其活力复苏；增强以公共卫生服务为牵引的公用设施的投资，加大对弱势群体基本公共服务的保障力度；提高科技创新投入，推动生产和消费方式转向更可持续的发展方向；促进数字化经济发展和数字服务产业转型升级；推动国际投资贸易方面的便利化，尤其是有利于发展中国家和欠发达国家出口贸易等。环境方面：在全球加快清洁饮水和卫生设施的普及，为发展中国家提供必要的能力建设支持和援助；推动气候变化纳入更多国家的政策和战略发展规划，持续加强气候变化相关的教育和宣传，重点提升发展中国家抵御和适应气候相关的灾害和自然灾害的能力；重视全球海洋生态环境保护和恢复，完善医疗废弃物处置机制，促进健康和多产的海洋环境建设；以疫情为契机加强野生动植物保护，健全生态保护补偿和监督执法机制，发挥各方力量共同推进全球生物多样性治理，倡导对自然增益型的经济发展方式。伙伴关系方面：继续推动协调全球疫苗及其他公共卫生设施、服务等，共同应对疫情，尽快恢复正常的生产生活秩序；建立惠及全人类、高效可持续的全球突发应急体系，提高全球应对突发公共事件的能力；支持联合国发挥统筹协调作用，推动发达国家及其他有能力的国家，向发展中国家及欠发达国家，组织以推动可持续发展为主题的相关援助；加强发展中国家和欠发达国家相关可持续发展能力的建设。

目录

CONTENTS

前言

第一章　研究概述 …… 1

第一节　研究背景、内容和意义 …… 1

一、研究背景 …… 1

二、研究内容 …… 3

三、研究意义 …… 3

第二节　研究思路、方法和结构安排 …… 4

一、研究思路 …… 4

二、研究方法 …… 5

三、结构安排 …… 5

第二章　疫情对 2030 年可持续发展目标的影响 …… 6

第一节　疫情对 2030 年可持续发展目标的影响分析 …… 6

目标 1　无贫穷 …… 7

目标 2　零饥饿 …… 10

目标 3　良好健康与福祉 …… 12

目标 4　优质教育 …… 15

目标 5　性别平等 …… 19

目标 6　清洁饮水和卫生设施 …… 21

目标 7　经济适用的清洁能源 …… 22

目标 8　体面工作和经济增长 …… 24

目标 9　产业、创新和基础设施 …… 29

目标 10　减少不平等 …… 33
目标 11　可持续城市和社区 …… 38
目标 12　负责任的消费和生产 …… 40
目标 13　气候变化 …… 42
目标 14　水下生物 …… 43
目标 15　陆地生物 …… 45
目标 16　和平、正义与强大机构 …… 47
目标 17　促进目标实现的伙伴关系 …… 49
第二节　疫情对 2030 年可持续发展目标的影响的综合分析 …… 52

第三章　应对疫情影响、促进 SDGs 目标实现的典型实践和经验 …… 59

第一节　国际应对疫情影响、促进 SDGs 目标实现的典型实践和经验 …… 59
一、社会方面 …… 59
二、经济方面 …… 67
三、环境方面 …… 77
四、伙伴关系方面 …… 81
五、小结 …… 82
第二节　国内应对疫情影响、促进 SDGs 目标实现的典型实践和经验 …… 83
一、社会方面 …… 83
二、经济方面 …… 94
三、环境方面 …… 98
四、伙伴关系方面 …… 99
五、脱贫攻坚与乡村振兴 …… 103
六、小结 …… 111

第四章　疫情对 2030 年可持续发展目标的影响趋势分析 …… 113

第一节　社会方面 …… 113
第二节　经济方面 …… 120
第三节　环境方面 …… 123

第四节 伙伴关系方面 …… 128

第五章 研究结论与政策建议 …… 129

第一节 研究结论 …… 129

一、社会方面 …… 129

二、经济方面 …… 130

三、环境方面 …… 131

四、伙伴关系方面 …… 132

第二节 政策建议 …… 133

一、社会方面 …… 133

二、经济方面 …… 134

三、环境方面 …… 136

四、伙伴关系方面 …… 137

参考文献 …… 139

附录一 调研问卷 …… 149

附录二 SDGs 受新冠肺炎疫情影响程度 …… 173

第一章 | CHAPTER 1

研 究 概 述

第一节 研究背景、内容和意义

一、研究背景

2019 年年底，新型冠状病毒肺炎疫情（以下简称“新冠肺炎疫情”或“COVID-19”）突然来袭，对全球很多国家与地区造成了不同程度的经济社会冲击，给人类生命财产安全带来巨大损失。2021 年 7 月 7 日，世界卫生组织（WHO）数据显示，全球新冠肺炎死亡病例已超过 400 万例，累计报告新冠确诊病例超过 1.83 亿例。这次疫情感染人数多、传播速度快，是近百年来人类社会经历过的最严重的一次传染病灾难。

1. 新冠肺炎疫情导致全球经济严重衰退

新冠肺炎疫情对世界经济造成显著冲击。一方面疫情在全球范围内加速扩散，经济不确定性急剧升高，投资者信心受挫，从而引发金融和资本市场动荡。美股历史上共经历五次熔断，在疫情期间短短两周内（至 2020 年 3 月 18 日）就出现四次，充分证明了疫情给资本市场带来的剧烈震荡。另一方面各国为控制疫情传播，严格限制人员流动和交通运输，对经济按下暂停键，严重冲击全球产业链和各国经济的稳定，尤其对全球价值链融合程度高的行业，例如汽车、电子和机械设备，冲击更为明显；全球贸易需求萎缩，2019 年，全球贸易量出现自 2008 年全球金融危机以来的首次下降；消费者信心下降以及各国严格的管控措施，使市场需求疲弱进一步加剧，暴露出经济全球化的脆弱性，严重阻碍了经济全球化进程。

国际货币基金组织 2021 年 4 月发布的《世界经济展望》显示，2020 年，世界经济增长率为−3.3%。预计 2021 年底，全球产出损失累计可能相当于日本和德国的经济总量之和，经济受挫程度比 2008—2009 年金融危机期间还要严重，全球经济经历了几十年来程度最深的衰退。

2. 新冠肺炎疫情影响人类生活方方面面

新冠肺炎疫情不但影响到世界上每一个国家、群体和个人，而且影响人类社会生活的方方面面。它的迅速蔓延让全人类遭遇了一场前所未有的公共卫生危机，严重威胁人类生命健康与安全。各国采取严格的封城、停工、居家等防疫管控措施，导致全球一度陷入“大封锁”状态，影响人们日常工作、学习、社交等各个方面。

无数工人停工，受疫情影响严重的服务业等行业的员工面临工作岗位流失、收入锐减，甚至重新陷入贫困的困境；无数学校停课，学生的学习质量、学习时间、学习条件无法保障，拉大了学习差距，而最贫困地区的学生甚至面临永久性失学的风险；居家隔离使得人与人之间必须保持安全社交距离；大量线下文化和体育活动取消，商场、餐厅、电影院等公共场所限制营业等管控措施限制了人们的线下消费需求和面对面交往。但是从另一角度来看，疫情封锁使在家办公、在线学习、在线娱乐、在线购物模式得以推广，重塑了人们的生产生活方式。全球在疫情期间发生大规模的数字化转型。疫情给人们的生活方式、生活观念都带来了翻天覆地的变化。

3. 新冠肺炎疫情减缓全球环境保护进程

全球碳项目相关研究显示，疫情期间，受居家隔离政策影响，陆路运输和工业活动大幅减少，2020 年 4 月初，全球每日二氧化碳排放量比 2019 年同期降低 17%。但是，有专家指出，疫情后各国的经济复苏政策和复工复产活动，可能会带来“报复性”污染和碳排放激增，部分国家和地区甚至可能为实现经济的复苏与增长，改变疫情前的绿色低碳政策，转而支持高污染、高排放企业的发展。环保与气候治理领域的相关产业链也经历着前所未有的挑战。绿色低碳企业普遍存在的资金紧张问题亦进一步加剧。

全球严峻的疫情防控形势使《生物多样性公约》第十五次缔约方大会（COP15）、第二十六届联合国气候变化大会（COP26）等环保与气候领域的重要活动被迫延期，大幅削弱了人们对环保与气候议题的关注。新冠肺炎疫情打破了环保与气候议程近年在全球范围取得的良好发展态势，造成的负面影响不容忽视。

4. 新冠肺炎疫情使 SDGs“危”“机”并存

新冠肺炎疫情对经济、社会和环境带来一系列不利影响，也使得

SDGs 中绝大多数目标出现停滞不前甚至倒退的情况。在新冠肺炎疫情来袭前，国际社会在减少贫困、改善母婴健康、推进性别平等和扩大供电覆盖等一些可持续发展重要领域已取得了进展。虽然在许多情况下，这些进展是缓慢的。然而 2020 年，疫情席卷全球，抹去全球数十年的发展成果，对 SDGs 产生了灾难性影响，我们没有走在按时完成可持续发展目标的轨道上。

当前，常规的政策和社会规范已被破坏，全球经济仍处于疫情影响和重建拉锯阶段，在全世界都在应对疫情和制定疫情后复苏计划之际，联合国呼吁各国政府抓住机会，建设更可持续、更具复原力和更具包容性的社会，“重建更美好的家园”。联合国负责经济与社会事务的副秘书长刘振民表示：疫情危机也可以成为推动国际社会实现转变的重要机遇。目前，全球各国为应对疫情和制定疫情后的复苏计划所采取的决策和行动，将决定世界能否实现疫情后的复苏，并按时完成可持续发展目标。

二、研究内容

一是开展新冠肺炎疫情对联合国可持续发展目标的影响研究。参考和借鉴 Naidoo 和 Fisher（2020）在“Reset Sustainable Development Goals for a pandemic world”中的分析结果，同时采取对专家进行调研的方法，具体梳理和分析新冠肺炎疫情对联合国 2030 年可持续发展目标（SDGs）的影响现状，包括对不同目标和总体影响状况的分析。

二是开展应对疫情、促进联合国可持续发展目标实现的国内外典型经验研究。从国际和国内两个维度总结中外应对疫情影响、促进联合国可持续发展目标实现的典型实践。

三是开展应对疫情、促进联合国可持续发展目标实现的对策和建议研究。围绕努力推动全球经济复苏，实现重建更美好家园的目标，结合对疫情影响 2030 年可持续发展目标的趋势的预测，从经济、社会、环境、伙伴关系、减贫五个维度开展应对疫情、促进联合国可持续发展目标实现的对策研究。

三、研究意义

为全面认识和把握疫情对联合国 2030 年可持续发展目标的影响提

供更加清晰的参考框架和借鉴。为联合国等社会组织以及各个国家全面和具体认识疫情对2030年可持续发展目标的影响，提供全面的评估框架和参考。

为国际社会阻止疫情蔓延、降低疫情对联合国2030年可持续发展目标的影响提供可资借鉴的典型经验。2021年7月7日，世卫组织（WHO）总干事谭德塞在记者会上表示："世界正处于疫情大流行的危险关头。"本书基于对中外政府、社会组织、企业等应对疫情、促进SDGs实现的典型经验和案例的分析，助力全球早日战胜新冠肺炎疫情，对促进2030年可持续发展目标实现有较强的启发意义。

为全球应对新冠肺炎疫情、促进2030年可持续发展目标实现提出针对性建议。2030年可持续发展目标为各个国家制定更加环保的复苏计划提供指导。本书基于疫情对SDGs的影响分析和应对疫情、促进SDGs实现的典型经验和案例梳理，预测疫情对SDGs的影响趋势，并提出促进SDGs实现的解决方案，为国际组织和各个国家重新制定实现SDGs的战略计划提供对策和建议参考。

第二节　研究思路、方法和结构安排

一、研究思路

本书研究思路如图1-1所示。

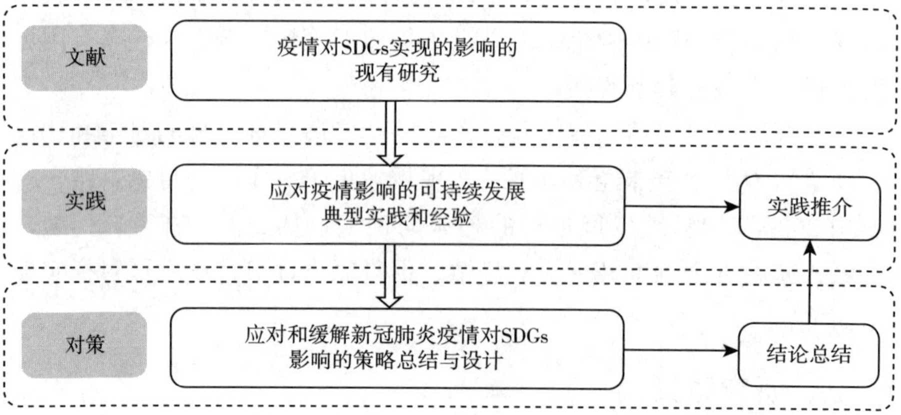

图1-1　研究思路

二、研究方法

文献研究：查阅国内外文献，系统梳理和分析疫情对 17 个 2030 年可持续发展目标产生的影响，以及国内外政府、社会组织、企业等应对疫情的典型经验，提出工作的基本逻辑思路，作为构建研究项目的现实基础和依据。

经验总结：搜集中外政府以及社会组织、企业等应对疫情的典型案例和经验，从社会、经济、环境、伙伴关系四方面进行系统总结和梳理，为全球更好应对疫情影响、促进 SDGs 实现提供可供借鉴的建议。

专项研讨：开展专项研讨，邀请相关专家就研究方案和研究成果进行深入探讨，提出完善建议，保证研究质量。

问卷调研：通过设置问卷，对专家进行调研，确认疫情对 17 个 2030 年可持续发展目标的 169 个子目标的影响程度的分类，再结合文献研究，最终确认不同子目标受影响的程度。

三、结构安排

本书一共分为五个章节。第一部分为研究概述，重点介绍研究背景、内容和意义，研究思路、方法和结构安排；第二部分重点总结和梳理疫情对 2030 年可持续发展目标的影响；第三部分从社会、经济、环境、伙伴关系四方面系统总结和梳理中外政府、社会组织、企业等应对疫情的典型实践和经验；第四部分基于疫情影响分析和典型实践经验总结，预测疫情对 2030 年可持续发展目标的进一步影响；第五部分提出战胜疫情、促进 SDGs 实现的对策和建议。

第二章 | CHAPTER 2

疫情对 2030 年可持续发展目标的影响

本章首先对照联合国 17 个可持续发展目标的 169 个子目标，逐一分析新冠肺炎疫情对这些目标实现带来的影响；然后从社会、经济、环境、伙伴关系四个维度，综合归纳和分析疫情对 2030 年可持续发展目标的影响。

第一节　疫情对 2030 年可持续发展目标的影响分析

为使研究更具针对性，我们将疫情对可持续发展目标中的 169 个子目标的影响程度分为“影响明显”“影响不明显”和“不确定/不清楚”三类，对 10 位[①]来自高校、国际组织、国内组织及其他长期从事可持续发展领域研究的专家学者进行问卷调查，根据问卷调查结果（表 2-1），重点对其中受疫情影响明显的子目标展开进一步研究。整体来看，169 个子目标中的 119 个子目标受疫情影响明显，50 个子目标受疫情影响不明显，其中“目标 1　无贫穷”“目标 4　优质教育”“目标 13　气候变化”下所有子目标均受疫情影响明显。具体情况如下。

① 关于 169 个子目标受新冠肺炎疫情影响的程度，我们采取对专家进行问卷调查的形式分析确认，其中课题组发放问卷（见附录二）并回收结果 9 份，另外一份是参考和借鉴了 Naidoo 和 Fisher (2020) 在期刊 *Nature* 上发表的文章“Reset Sustainable Development Goals for a pandemic world”的附录中关于 169 个子目标的影响分析结果，因此共计 10 位专家。

表 2-1 新冠肺炎疫情对联合国可持续发展目标的影响情况

SDGs	下属子目标数	影响明显的子目标数	实际分析的子目标数
目标 1	7	7	6
目标 2	8	3	3
目标 3	13	7	4
目标 4	10	10	8
目标 5	9	1	1
目标 6	8	6	3
目标 7	5	3	3
目标 8	12	10	9
目标 9	8	7	5
目标 10	10	7	6
目标 11	10	8	4
目标 12	11	6	4
目标 13	5	5	3
目标 14	10	6	3
目标 15	12	11	2
目标 16	12	5	4
目标 17	19	17	7
合计	169	119	75

◆ 目标 1 无贫穷

“目标 1 无贫穷”包含 7 个子目标，且下属 7 个子目标均属于受疫情影响明显的目标。针对受疫情影响明显的 6 个[①]子目标的具体分析如下：

1.1 到 2030 年，在全球所有人口中消除极端贫困，极端贫困目前的衡量标准是每人每日生活费不足 1.25 美元

疫情导致全球极端贫困人口数上升。新冠肺炎疫情暴发以来，各国经济发展普遍受挫，失业率增加，相对贫困群体开始向绝对贫困滑落，

① 基于对相关子目标内容的进一步分析，以及资料数据的可及性，对子目标 1.4 暂未找到充实的资料能够证明其受影响程度，因此最终实际分析的子目标是 6 个。

贫困边缘群体生活水平降低到贫困线之下。据联合国报告显示，2020年全球贫困人口增加了1.19亿至1.24亿，极端贫困率从2019年的8.4%上升到2020年的9.5%，抵消了2016年以来取得的进展，全球极端贫困人口20多年来首次上升①。另外，联合国大学世界发展经济学研究所的最新研究指出，此次全球大流行病造成的经济影响可能使全球贫困人口增加5亿，占全球总人口的8%②。

1.2　到2030年，按各国标准界定的陷入各种形式贫困的各年龄段男女和儿童至少减半

疫情导致工作贫困的增加，对妇女和青年的生计产生影响。疫情背景下，大量工作场所关闭，失业和不充分就业人数大幅增加。由于疫情导致的封锁和相关的公共卫生措施严重影响到非正规经济，而绝大多数贫困劳动者都在非正规经济中就业，相关的收入损失有可能使减少工作贫困的全球进展倒退。在越南，许多农村地区和少数民族的人因失业、就业不足和收入损失而陷入贫困，从事服装业人员的家庭的贫困率可能从14%翻倍至28%③。值得注意的是，由于劳动收入和工作质量下降，疫情对年轻人和女性工人的生计也产生了尤其严重的影响，相比成年人和男性而言，该群体更有可能生活在贫困中④。

1.3　执行适合本国国情的全民社会保障制度和措施，包括最低标准，到2030年在较大程度上覆盖穷人和弱势群体

疫情令缺少社会保障措施覆盖的群体处境更加窘迫。强有力的社会保障体系对于减轻疫情影响和防止人们陷入贫困至关重要。根据联合国开发计划署的数据，全球预计有55%的人无法获得社会保障⑤。在此背景

① 联合国．2021年可持续发展目标报告［R］．2021.

② https：//www. wider. unu. edu/publication/estimates-impact-covid-19-global-poverty。

③ 博鳌亚洲论坛．亚洲五国减贫案例分享及新冠肺炎疫情带来的影响解析［R］．2020.

④ 尚晓旭，陈丹丹，张晶．新冠肺炎疫情对实现可持续发展目标的挑战［J］．中国认证认可，2020（8）：15－17.

⑤ https：//www. undp. org/coronavirus。

下，儿童、老人不能及时享受到社会救助，合同制临时工、非正式工作者、兼职工作者、自营职业者没有资格获得全额的失业福利，处境将愈加艰难。而且，原有的社会保障制度设计没有考虑到流行病的特点，许多新的贫困人口出现在城市；在南非，人们在邮局外排队领取福利，却没有保持安全的社交距离。

1.5 到2030年，增强穷人和弱势群体的抵御灾害能力，降低其遭受极端天气事件和其他经济、社会、环境冲击和灾害的概率和易受影响程度

疫情使穷人和弱势群体抵御灾害能力下降。疫情压倒了卫生系统并突出了生物危害对社会经济带来的风险，加剧了贫困，在面临灾害时可供调配的资源减少。例如，对于残疾人来说，即使在正常情况下，残疾人获得医疗保健、就业和参与社区活动的可能性也较低，更有可能生活在贫困中，疫情将进一步加剧这种状况，直接和间接地对残疾人造成严重的影响[①]。

1.a 确保从各种来源，包括通过加强发展合作充分调集资源，为发展中国家，特别是最不发达国家提供充足、可预见的手段以执行相关计划和政策，消除一切形式的贫困

疫情使调集资源以执行减贫相关计划和政策受阻。在封锁和隔离政策下，用于帮助发展中国家，特别是最不发达国家发展产业、改善基础设施的资源难以充分协调和配置，相关的计划和进度受阻。例如，扶贫项目的建设进度延缓，一些项目不能按计划开工，处于停工或开工不足状态；部分贫困劳动力滞留在家，不能外出就业；贫困地区的鲜活农畜产品销售、休闲农业和旅游业等产业发展遭受一定冲击，导致产业扶贫项目效益下滑[②]。

① https：//www. un. org/sites/un2. un. org/files/chinese _ diability _ brief. pdf。
② 魏后凯．科学应对疫情对脱贫攻坚的冲击［N］．人民日报，2020－06－12（5）．

1.b　根据惠及贫困人口和顾及性别平等问题的发展战略，在国家、区域和国际层面制定合理的政策框架，支持加快对消贫行动的投资
疫情使支持消贫行动的投资减少。由于政府的关注度和更多资源优先投入防疫中，原先制定的减贫计划被打乱，支持减贫的相关投资受到影响。作为国际援助的重要主体，发达国家经济发展受到疫情的严重冲击，民粹主义抬头。为缓解本国经济与社会矛盾，发达国家开始减少对发展中国家的经济援助，减少对国际减贫合作的支持力度[①]。

◆ 目标 2　零饥饿

“目标 2　零饥饿”包含 8 个子目标，其中 3 个子目标属于受疫情影响明显的目标，5 个子目标属于受疫情影响不明显的目标。针对受疫情影响明显的 3 个子目标具体分析如下：

2.1　到 2030 年，消除饥饿，确保所有人，特别是穷人和弱势群体，包括婴儿，全年都有安全、营养和充足的食物
疫情使饥饿和粮食系统不安全性持续加剧。自 2014 年以来，全球遭受饥饿和粮食不安全的人数就一直在逐渐上升。疫情加剧了全球粮食系统的脆弱性和不足，对粮食系统构成了额外的威胁，间接降低了购买力以及生产和分配粮食的能力，从而影响到最弱势的人群。由于食品供应链中断、收入损失、社会不平等扩大、食品环境改变和食品价格上涨，疫情对饥饿和食品安全产生了深远的影响[②]。世界粮食计划署的数据表明，到 2020 年底，约有 1.3 亿人会遭受严重饥饿。2020 年 4 月疫情封锁期间，对肯尼亚内罗毕 5 个非正规住区的调查显示，81%的居民部分或全部失去了收入，87%的居民不吃或吃得更少[③]。

① 张琦．全球减贫历史、现状及其挑战［EB/OL］.（2021－04－20）. http：//www. rmlt. com. cn/2021/0420/612197. shtml.

② 联合国．2021 年可持续发展目标报告［R］. 2021.

③ https：//www. popcouncil. org/uploads/pdfs/2020PGY _ CovidKenyaKAPStudyPresentation Round2. pdf。

2.2　到 2030 年，消除一切形式的营养不良，包括到 2025 年实现 5 岁以下儿童发育迟缓和消瘦问题相关国际目标，解决青春期少女、孕妇、哺乳期妇女和老年人的营养需求

疫情使儿童的营养状况遭受威胁。疫情期间，儿童面临着更大的早期发育迟缓和消瘦风险[①]，据统计，由于家庭财富下降、营养饮食和基本营养服务的供应中断和负担能力下降，儿童消瘦的人数可能比预计多 15%。在部分国家和地区，不健康的食物取代了新鲜的营养食品，对运动的限制减少了长时间进行体力锻炼的机会，儿童超重率也可能上升[②]。疫情还导致一些贫困人口依靠的食物、营养、健康等公共部门的扶持项目中断。例如，世界粮食计划署（WFP）在大约 48 个国家实施的校园供餐项目出现部分或全国性关闭，意味着大约 1 100 万儿童不能得到 WFP 支持的学校营养餐[③]。

2.a　通过加强国际合作等方式，增加对农村基础设施、农业研究和推广服务、技术开发、植物和牲畜基因库的投资，以增强发展中国家，特别是最不发达国家的农业生产能力

疫情影响到农业相关投资，使农业生产能力受阻。在农业生产环节，隔离措施可能会阻碍农民务农，导致化肥、兽药、其他投入品和技术指导供应短缺[④]。另外，据《2020 年粮食及农业相关可持续发展目标指标进展》报告指出，疫情打乱了保护遗传资源的长期工作，影响了国家农业普查等急迫任务，而农业普查则是确定近期需求和推动全世界农民提

① 比尔及梅琳达·盖茨基金会.2020 目标守卫者报告：新冠肺炎 全球视角［R］. 2020.

② 联合国.2021 年可持续发展目标报告［R］. 2021.

③ WFP. New Digital Map Shows Terrible Impact of COVID－19 on School Meals Around the World［EB/OL］.（2020－03－27）. https：//www. wfp. org/news/new-digital-map-shows-terrible-impact-covid-19-school-meals-around-world.

④ Vos R，Martin W，Laborde D. As COVID－19 Spreads，No Major Concern for Global Food Security yet［EB/OL］.（2020－03－10）. https：//www. ifpri. org/blog/covid-19-spreads-no-major-concern-global-food-security-yet.

高生产可持续性的关键。在接受调研的150个国家中，半数以上国家的农业普查已经推迟或暂停[①]。

◆ 目标3　良好健康与福祉

“目标3　良好健康与福祉”包含13个子目标，其中7个子目标属于受疫情影响明显的目标，6个子目标属于受疫情影响不明显的目标。针对受疫情影响明显的4个[②]子目标具体分析如下：

3.2　到2030年，消除新生儿和5岁以下儿童可预防的死亡，各国争取将新生儿每1 000例活产的死亡率至少降至12例，5岁以下儿童每1 000例活产的死亡率至少降至25例

疫情扰乱全球免疫接种工作，令新生儿和5岁以下儿童的健康遭受威胁。在某些情况下，推迟的疫苗接种可以后期补种，不会有太多的不良后果。但是，还有一些很容易传染的疾病，譬如麻疹，哪怕只是疫苗接种的短期中断也可能迅速导致感染和死亡病例的增加[③]。自2020年3月以来，常规的儿童免疫接种服务受到干扰，其受干扰程度是自20世纪70年代颁布《扩大免疫规划》以来前所未有的。2020年3月至4月，在有数据可查的129个国家中，超过一半（53%）的国家报告疫苗接种服务出现了中度至严重的中断，甚至完全暂停。在21个较低收入国家，至少2 400万人面临错过脊髓灰质炎、麻疹、伤寒、黄热病、霍乱、轮状病毒、人乳头瘤病毒、甲型脑膜炎和风疹等疫苗接种的风险。此外，因疫情暴发导致的边境关闭使至少26个中低收入的国家可能出现疫苗短缺。

---

① 联合国粮食及农业组织．2020年粮食及农业相关可持续发展目标指标进展［R/OL］. http://www.fao.org/fileadmin/templates/SDG-progress-report/2020/pdf/sdg-progress-report-zh.pdf.

② 基于对相关子目标内容的进一步分析，以及资料数据的可及性，对子目标3.b、3.c、3.d暂未找到充实的资料能够证明其受影响程度，因此最终实际分析的子目标是4个。

③ 比尔及梅琳达·盖茨基金会．2020目标守卫者报告：新冠肺炎 全球视角［R］. 2020.

3.3　到2030年，消除艾滋病、结核病、疟疾和被忽视的热带疾病等流行病，抗击肝炎、水传播疾病和其他传染病

疫情导致其他传染病的患病和死亡人数上升。在全球范围内，疫情令很多国家的公共卫生系统处于负荷极限，针对其他传染病的医疗服务中断可能会导致艾滋病、疟疾、结核病和被忽视的热带疾病死亡人数增加。

艾滋病：疫情严重干扰到艾滋病毒相关服务，包括检测、治疗、自愿包皮环切医疗手术和暴露前预防用药。医疗服务的中断还令人们无法得到抗反转录病毒治疗（ART），导致更多的死亡和感染①。

疟疾：2021年前三个月，30%至40%的疟疾流行国家报告称，涉及疟疾诊断和治疗的服务受到了一定程度的干扰。在撒哈拉以南的非洲，获得有效治疗的机会中断可能会导致19 000人额外死亡。

结核病：疫情暴发前，已有300万结核病“未报告病例”，即活动性结核病患者，在不知晓自身病情且尚未接受治疗的情况下将疾病传给他人。为了避免感染疫情，人们不能或不愿前往医疗机构接受诊断，已被诊断患有结核病的人也可能不去医院接受治疗②。据估计，由于COVID-19大流行，2020年接受必要结核病治疗的人数相比2019年减少140万，治疗人数下降21%③。

被忽视的热带疾病：疫情引发的社区活动暂停和其他干扰可能会侵蚀多年来在被忽视的热带疾病方面辛勤工作和投资取得的成果。对于某些被忽视的热带疾病来说，这种延迟的影响不大，因为事后弥补相对容易。然而，对于更具传染性的那些疾病，譬如沙眼、血吸虫病和内脏利什曼病，大规模药物管理行动的延迟可能会造成感染数量激增。

---

①② 比尔及梅琳达·盖茨基金会.2020目标守卫者报告：新冠肺炎 全球视角［R］. 2020.

③ 联合国.2021年可持续发展目标报告［R］. 2021.

3.4　到 2030 年，通过预防、治疗及促进身心健康，将非传染性疾病导致的过早死亡减少 1/3

疫情加剧了非传染性疾病患者的负担。患有非传染性疾病的人不仅更容易成为冠状病毒重症患者，而且非传染性疾病的预防和治疗服务也因疫情受到了严重干扰。其中，低收入国家受到的影响最大，近一半的国家报告称基本的非传染性疾病服务中断了一次或多次。许多需要接受治疗的人无法获取所需的健康服务和药品，从长远来看，可能导致患有非传染性疾病或相关危险因素的个体出现并发症和死亡激增。

3.8　实现全民健康保障，包括提供金融风险保护，人人享有优质的基本保健服务，人人获得安全、有效、优质和负担得起的基本药品和疫苗

疫情影响基本健康服务，难以实现到 2030 年实现全民健康保障的承诺。截至 2021 年 6 月，全球报告的 COVID－19 死亡人口总数达到 370 万。疫情危机正在扰乱世界各地的基本健康服务，加剧了卫生系统较弱的国家面临的挑战，凸显了许多国家目前卫生专业人员短缺的问题，约 90%的国家和地区报告基本卫生服务出现一次或多次中断。由于供应链被切断、防护装备稀缺、资源被调配去支援新冠肺炎诊疗，病人希望减轻医院和其他卫生设施的负担，就医需求也在下降。

疫情加剧了健康方面的不平等，令老年人、穷人、难民和移民等难以获得高质量的公共医疗保健服务。对穷人来说，随着疫情大流行导致贫困加剧，与食品和教育等其他必需品的支出相比，自费医疗支出可能对穷人构成更大的威胁。对移民和难民来说，疫情使他们陷入生活、健康状况恶化的困境，大约 5%的受访者表示即使出现 COVID－19 症状也不会主动就医，主要原因包括收入不足、担心被驱逐出境以及缺乏医疗保健机会或无权获得此类护理等。

◆ 目标 4　优质教育

“目标 4　优质教育”包含 10 个子目标，且 10 个子目标均属于受疫情影响明显的目标。针对受疫情影响明显的 8 个[①]子目标具体分析如下：

4.1　到 2030 年，确保所有男女童完成免费、公平和优质的中小学教育，并取得相关和有效的学习成果
疫情进一步拉大不同性别、不同地区初等教育学生的学习差距。近一半的国家和地区在完成初等教育方面没有实现性别均等。如果按城乡地点和家庭财富划分，差距通常更为极端，分别仅有 1/3 和 1/6 的国家和地区在完成初等教育方面实现均等。疫情使全球在不同性别和区域初等教育公平方面呈现的极端现象进一步恶化[②]。 疫情导致学校停课，世界各国应对学校停课的能力因发展水平不同而呈现巨大差异，超过 2/3 的国家推出全国远程学习平台，但在低收入国家中，这一比例仅为 30%[③]。最贫困家庭和弱势群体学生不具备远程学习的条件，更有可能永久或长期辍学[④]。在发展水平偏低的国家，2020 年第二季度小学儿童实际失学率为 86%，而在发展水平很高的国家，失学率只有 20%[⑤]。在疫情暴发之前，全球 53%的年轻人正在完成中学学业，撒哈拉以南非洲的这一数字仅为 29%。疫情暴发后，中学学业完成率可能放缓上升甚至下降，具体情况取决于学校停课的持续时间（导致学习损失，影响上学积极性）和贫困现象可能增加的程度（使得处境不利儿童面临更多障碍）。

① 基于对相关子目标内容的进一步分析，以及资料数据的可及性，对子目标 4.7、4.b 暂未找到充实的资料能够证明其受影响程度，因此最终实际分析的子目标是 8 个。

② 联合国 . 2021 年可持续发展目标报告 [R]. 2021.

③ UNSDG. Policy Brief: The Impact of COVID－19 on Children [EB/OL]. (2020－04－15). https://unsdg.un.org/resources/policy-brief-impact-covid-19-children.

④ 联合国教科文组织统计研究所 2019 年概况介绍第 56 号 [EB/OL]. http://uis.unesco.org/sites/default/files/documents/new-methodology-shows-258-millionchildren-adolescents-and-youth-are-out-school.pdf.

⑤ 联合国开发计划署 . COVID－19 与人类发展：评估危机与展望复苏 [R/OL]. (2020－05－20). http://hdr.undp.org/en/hdp-covid.

4.2　到2030年，确保所有男女童获得优质幼儿发展、看护和学前教育，为他们接受初级教育做好准备

疫情使错失幼儿教育的人数增多。2012—2020年，76个国家和地区（主要为低收入和中等收入）在疫情前的数据显示，每10名3岁和4岁的儿童中有7名发育正常，性别之间没有显著差异。但由于疫情，许多幼儿完全依赖照料者进行养育，无法接受正规的早期教育。不安全的条件、与照料者的负面互动和早年缺乏教育机会可能导致不可逆转的后果，影响儿童余生的潜力。据估计，由于疫情，2020年，世界各地儿童在关键学龄前年度错失幼儿教育的人数达到4 000万之多①。

4.3　到2030年，确保所有男女平等获得负担得起的优质技术、职业和高等教育，包括大学教育

疫情加剧高等教育性别不平等。联合国报告显示，在有新近数据的国家和地区中，只有少数国家和地区在高等教育入学率方面实现性别均等。如果按城乡地点和家庭财富划分，差距通常更为极端，没有任何有新近数据的国家或地区在高等教育就读方面实现性别均等。疫情影响加剧了高等教育的性别不平等。

4.4　到2030年，大幅增加掌握就业、体面工作和创业所需相关技能，包括技术性和职业性技能的青年和成年人数

疫情暴露职业教育脆弱性。新冠肺炎危机暴露了技术职业教育和培训系统的脆弱性，包括数字化水平低下和长期存在的结构性弱点。工作场所停工使得作为顺应市场的实用技术和职业系统关键要素的学徒计划和工作学习模式难以实施。

① 联合国儿童基金会. 全球危机中的儿童保育：COVID-19对工作和家庭生活的影响[R/OL].（2020-07-21）. https://www.unicef-irc.org/article/2027-40-million-children-miss-out-on-early-education-in-critical-pre-school-year-due-to.html.

4.5　到 2030 年，消除教育中的性别差距，确保残疾人、土著居民和处境脆弱儿童等弱势群体平等获得各级教育和职业培训

疫情使弱势群体与非弱势群体学习机会差距扩大。据估计，在新冠肺炎危机期间，40%的最贫困国家没有向面临风险的学生提供支持①。

- 过去的经验表明，在抗疫举措中教育和性别不平等问题往往被忽视②。
- 学校关闭意味着女童要承担更多的家务劳动，妨碍她们保证足够的学习时间。
- 难民和被迫流离失所的儿童被进一步边缘化，无法获得学校提供的支助服务，如学校供餐和心理社会支助方案③。
- 学校关闭使得发展中国家的许多学生，由于生活条件、经济压力和父母的教育水平（包括数字技能）低下缺乏稳定的环境和必要的学习辅导来适应新的教学模式和教学内容④。

无论从短期还是长期看，疫情造成的学习损失预计都会很大。加拿大的研究人员估计，由于本次大流行病疫情，社会经济技能差距会增加30%以上⑤。世界银行指出，可能会有 25%的学生能力低于切实有效参与社会所需能力的基线水平⑥。

---

① 联合国教科文组织．2020 年全球教育监测报告：包容与教育：覆盖全民，缺一不可［R/OL］. https：//unesdoc. unesco. org/ark：/48223/pf0000373718.

② 联合国教科文组织国际教育规划研究所．COVID－19 疫情期间学校停课：女童为何面临更大风险［R/OL］. http：//www. iiep. unesco. org/en/covid-19-school-closures-why-girls-are-more-risk-13406.

③ 联合国．政策简报：COVID－19 疫期教育及展望［R］. 2020.

④ 联合国儿童基金会．家长参与儿童学习程度如何？多指标类集调查数据揭示重大真知灼见［R/OL］. https：//blogs. unicef. org/evidence-for-action/ parental-involvement-childrens-learning.

⑤ Catherine Haeck，Pierre Lefebvre. Pandemic School Closures May Increase Inequality in Test Scores［R/OL］.（2020－06）. https：//grch. esg. uqam. ca/wp-content/uploads/sites/82/Haeck_Lefebvre_GRCH_WP20-03-5. pdf.

⑥ 世界银行．模拟 COVID－19 疫情期间学校停课可能对学校教育和学习成果造成的影响：一组全球估计数［R/OL］.（2020－06－18）. https：//www. worldbank. org/en/topic/education/publication/simulating-potential-impacts-of-covid-19-school-closures-learning-outcomes-a-set-of-global-estimates.

4.6 到 2030 年，确保所有青年和大部分成年男女具有识字和计算能力

疫情使中小学生阅读能力大幅下滑。联合国报告显示，据估计，由于疫情，2020 年又有 1.01 亿儿童和少年（1 年级至 8 年级）的阅读能力滑落到最低水平以下，2020 年落后的学生总数增加到 5.84 亿，导致过去 20 年取得的教育成果付诸东流。

4.a 建立和改善兼顾儿童、残疾和性别平等的教育设施，为所有人提供安全、非暴力、包容和有效的学习环境

疫情期间，学校缺乏洗手设施使学生在返校后存在安全隐患。改善学校基础设施对于学校重新开放至关重要。但是全世界很多学校缺乏基本的洗手设施，根据联合国报告现有的最新数据，全世界有 35%的小学没有基本的洗手设施。初中和高中的这一比例略低，分别为 29%和 24%。在各地区中，撒哈拉以南非洲面临的挑战最大，有 62%的小学和 57%的高中没有基本的洗手设施。这也意味着学校重新开放后，学校没有必要的卫生设施，教师和学生无法享有安全的学习环境。

4.c 到 2030 年，大幅增加合格教师人数，具体做法包括在发展中国家，特别是最不发达国家和小岛屿发展中国家开展师资培训方面的国际合作

疫情期间因教师缺乏信息通信技术技能培训，降低学生远程学习的质量。让足够多经过培训的教师进入课堂，是实现全民享有优质教育的一项重要措施。从本次大流行病疫情开始，教师们通常在没有足够指导、培训或资源的情况下，立即承担了落实远程学习模式的任务。这种情况发生在教育的各个层面。世界各地教师大都没有做好支持学习连续性和适应新教学方法的准备。在撒哈拉以南非洲，只有 64%的小学教师和 50%的中学教师接受了最低限度的培训，这往往不包括基本的数字技能[①]。即使在基础设施充足且互联互通的情况下，许多教育工作者仍缺乏最基本的信息通信技术技能，这意味着在疫情期间，很可能因教师缺乏通信技术教学手段，降低学生远程学习的质量。

◆ 目标 5　性别平等

“目标 5　性别平等”包含 9 个子目标，1 个子目标属于受疫情影响明显的目标，8 个子目标均属于受疫情影响不明显的目标。针对受疫情影响明显的 1 个子目标具体分析如下：

5.4　认可和尊重无偿护理和家务，各国可视本国情况提供公共服务、基础设施和社会保护政策，在家庭内部提倡责任共担

疫情增加女性无偿照护和家务时间。新冠肺炎疫情是一场全球危机，它让人们清楚地看到，世界的正规经济和日常生活的维系建立在妇女和女童的隐性无偿劳动之上。因为儿童停课、老年人和患病家属对照护的需求急剧上升、医疗卫生系统不堪重负，所以护理需求呈指数增长。

无偿照护工作的性别分布严重失衡。在新冠肺炎全球大流行之前，妇女所做的无偿照护和家务劳动是男子的三倍。这种隐性经济对正规经济和妇女生活产生了实际影响。在疫情期间，对照护工作的需求增加，加深了两性分工中原有的不平等。对于家中有幼儿的女性来说，花在这些活动上的时间往往更多，一项针对 16 个国家的研究表明，女性每周照顾幼儿的时间从疫情前的 26 小时增加到疫情后的 31 小时，男性则从 20 小时增加到 24 小时[②]。

医院和卫生所努力遏制新冠肺炎的感染浪潮，家庭和社区的医疗卫生负担随之一天比一天加重。医疗机构为腾地方，可能会让新冠肺炎患者

① 2030 年教育教师问题国际特别工作组．COVID－19：A global Crisis for Teaching and Learning［R/OL］．https：//teachertaskforce.org/knowledge-hub/covid-19-global-crisis-teaching-and-learning.

② 联合国．2021 年可持续发展目标报告［R］．2021.

提前出院，但患者在家里仍然需要照护和协助。与新冠肺炎无关的医疗和社会服务可能缩减，这就意味着家庭需要对患有其他疾病，包括慢性病的成员给予更大的支持。妇女处于新冠肺炎抗疫响应的最前线，是当然的家庭无偿照护者①。

学校关闭给妇女和女童增添了额外的压力和要求。据联合国教科文组织统计，随着越来越多的学校因新冠肺炎关闭，在家的学生和教师分别达到 15.2 亿人（87%）和 6 000 多万人。因为正规和非正规儿童照护服务的供应减少，无偿照护儿童的负担更多地落到妇女身上，造成这一现象的不只是当前的劳动力结构，还有社会规范。妇女工作的能力因此受到限制。如果不能远程工作，就更是如此。对既从事必要工作又承担照护责任的人来说，无人帮助带孩子就特别困难。美国有证据显示，妇女不仅占医院工作岗位总数的 78%，而且占药房工作岗位的 70%，占商店工作岗位的 51%②。

照顾老年人也是新冠肺炎流行期间的一项关键需求。在各个国家，老年人中妇女的比例都较高，年龄越大就越是这样。纵观全球，妇女在 70 岁以上老年人中占 57%，在 80 岁以上老年人中占 62%③。老龄妇女的生活收入和养老金往往较低，得到照护的可能性不大。所有年龄段妇女都为老年人（不论男女）提供了大量无偿照护；照护能否持续取决于她们的健康和福利状况，以及有无能力最大限度地降低照护对象被传染的风险。

女童和青春期少女也因新冠肺炎照护负担而受到影响。近期数据显示，青春期少女与同龄男孩相比，花在家务上的时间要多得多④。学校关闭不仅意味着女童要承担更多家务，而且还造成数百万女童辍学，无法完成学业。贫穷女童、残疾女童或农村偏远地区的女童尤其如此。

---

① 联合国．政策简报：2019 冠状病毒病对妇女和女童的影响［R］．2020.

② 美国劳工统计局．当前就业统计（全国）［R/OL］．（2020-02）．https：//www.bls.gov/web/empsit/ceseeb5b.htm.

③ 联合国经济和社会事务部人口司．2019 年世界人口展望［R/OL］．（2019）．https：//population.un.org/wpp/.

④ 联合国儿童基金会，联合国妇女署，国际计划．女童新时代：盘点 25 年的进步［R/OL］．（2020）．https：//www.unicef.org/media/65586/file/A-new-era-for-girls-2020.pdf.

◆ 目标6　清洁饮水和卫生设施

“目标6　清洁饮水和卫生设施”包含8个子目标，其中6个子目标属于受疫情影响明显的目标，2个子目标属于受疫情影响不明显的目标。针对受疫情影响明显的3个[①]子目标具体分析如下：

6.1　到2030年，人人普遍和公平获得安全和负担得起的饮用水
疫情导致获取安全饮用水的成本增加。2020年全球有20亿人缺乏安全管理的饮用水，其中7.71亿人甚至没有基本饮用水，缺乏基本饮用水服务的人中有一半生活在撒哈拉以南非洲。相比正常状态下，疫情封闭式管理阻断了外出获取饮用水的途径，增加了外出受感染的风险，例如过去以桶装水为日常饮水的居民生活受到影响。

6.2　到2030年，人人享有适当和公平的环境卫生和个人卫生，杜绝露天排便，特别注意满足妇女、女童和弱势群体在此方面的需求
疫情令所处环境卫生和个人卫生条件较差的弱势群体遭受更严重的影响。世界卫生组织指出，洗手是最有效的疾病预防措施之一，可以减少病原体的传播，预防包括2019冠状病毒在内的感染[②]。然而，清洁用水的供应中断和获取不足阻碍了清洁洗手设施的普及。2020年全球有36亿人缺乏安全管理的卫生设施，其中17亿人没有基本的卫生设施[③]。在这方面，最贫穷和更脆弱的群体再次处于不利地位。发展中国家的平均公共卫生支出仅占国内生产总值的2%左右，而全球平均水平为4.7%。对于生活在贫民窟中的城市贫民来说，无法获得清洁用水会增加感染疫情的风险[④]。此外，数据表明，2019年只有2/3的学校提供基本的饮用水

① 基于对相关子目标内容的进一步分析，以及资料数据的可及性，对子目标6.3、6.5、6.b暂未找到充实的资料能够证明其受影响程度，因此最终实际分析的子目标是3个。

② https：//www.who.int/news-room/events/detail/2020/05/05/default-calendar/hand-hygiene-day。

③ 联合国.2021年可持续发展目标报告［R］.2021.

④ 比尔及梅琳达·盖茨基金会.2020目标守卫者报告：新冠肺炎 全球视角［R］.2020.

和卫生服务，3/5 的学校提供基本的卫生服务，意味着在 COVID－19 大流行开始时，有 8.18 亿儿童在学校缺乏基本的洗手设施。

6.a　到 2030 年，扩大向发展中国家提供的国际合作和能力建设支持，帮助它们开展与水和卫生有关的活动和方案，包括雨水采集、海水淡化、提高用水效率、废水处理、水回收和再利用技术

疫情令跨界水体合作的相关项目和活动受阻。在共有跨界河流、湖泊和含水层的 153 个国家和地区中，到 2020 年，只有 24 个国家的所有跨界流域区域被业务安排覆盖，22 个国家和地区制定了覆盖 70%以上跨界流域的运作安排。疫情导致向发展中国家提供国际合作和能力建设支持的行动受阻，与水和卫生有关的项目和活动难以按计划执行落地。

◆ 目标 7　经济适用的清洁能源

“目标 7　经济适用的清洁能源”包含 5 个子目标，其中 3 个子目标属于受疫情影响明显的目标，2 个子目标属于受疫情影响不明显的目标。针对受疫情影响明显的 3 个子目标的具体分析如下：

7.1　到 2030 年，确保人人都能获得负担得起的、可靠的现代能源服务

疫情对能源供应链服务造成严重破坏，而收入的减少会限制人们购买能源服务的能力。疫情期间，不少国家受制于全球普遍的“锁国”“封关”等措施，清洁能源装备的供应链出现了停产断供、到货不足、价格震荡等情况。2020 年 8 月，欧盟委员会发布的报告指出，由于疫情的诸多影响，用于制造电池和可再生能源设备的原材料出现供应短缺风险，有可能威胁欧盟 2050 年实现“碳中和”的目标[①]。在非洲和亚洲的发展中国家，由于人口增长和贫困程度的增加，不能使用电的人数也有所上

① 张锐，王健．新冠肺炎疫情对全球能源转型的影响：阻碍抑或促进？[J]．中国电力企业管理，2021（4）：38－41.

升，超过 2 500 万人无法负担基本电力服务，另有 8 500 万人可能因无法支付扩展的服务包而被迫缩减基本电力消费[①]。另外，经济下行的情况也会限制部分消费者的“绿色消费”能力，采购清洁能源产品的计划只能被推迟。

疫情凸显了可负担和可靠能源的重要性，推动各国加强能源服务普及。能源服务是预防疾病和抗击大流行病的关键，医院利用能源治疗患者，社区利用能源抽取清洁水源和获取重要信息，失学儿童利用能源进行远程学习。在撒哈拉以南的非洲，目前仍有 5.7 亿无电人口，仅 28% 的医疗机构拥有稳定可靠的电力，1/4 的小型诊所甚至完全没有电力接入。面对上述情况，分布式清洁能源技术能够提供可行的解决方案，快速提升一些国家的医疗条件，尤其是能在疫情时期保障呼吸机和医用冰箱的运作。不少非洲国家积极推动清洁技术的普及，非盟成员国能源部长会议明确指出“能源转型在应对疫情和疫情后的复苏中居于核心地位”。

7.a　到 2030 年，加强国际合作，促进获取清洁能源的研究和技术，包括可再生能源、能效，以及先进和更清洁的化石燃料技术，并促进对能源基础设施和清洁能源技术的投资

疫情导致能源领域的相关国际合作难以开展。新冠肺炎疫情导致各种合作的延宕或中断，尤其阻碍一些发展中国家争取投资、援助，相关的国际治理活动也被弱化。例如，2020 年 5 月，缅甸面向外国投资者推出 30 个光伏电站的招标计划，旨在大幅提升该国太阳能发电能力。但是，由于疫情管制措施，有意愿的外国竞标者和供应商难以进入缅甸或勘测地块，缅甸能源部只能将原定的投标截止日期从 2020 年 6 月 18 日推迟到 2020 年 7 月 17 日。自疫情在全球扩散以来，国际能源署、国际可再生能源署等组织只能通过线上论坛、发布研究报告等“非接触”形式开展业务，难以推进一些具有较强实质影响的活动，如对发展中国家的能力培养、促进清洁能源项目融资、协助项目策划等。

① 联合国 .2021 年可持续发展目标报告［R］. 2021.

7. b　到 2030 年，增建基础设施并进行技术升级，以便根据发展中国家，特别是最不发达国家、小岛屿发展中国家和内陆发展中国家各自的支持方案，为所有人提供可持续的现代能源服务
持续蔓延的疫情直接削弱能源领域的短期投资前景，不利于增建基础设施。疫情给经济带来的冲击导致一些国家提供财政支持的能力下降，原本用于发展基础设施的公共资金大幅转移到了医疗卫生、社会福利领域来应对燃眉之急。在电力领域，一些公用事业企业由于电费收入或财政补贴的减少，面临较为艰难的经营困境，只能推迟或暂停建设清洁能源设施的计划。

◆ 目标 8　体面工作和经济增长

“目标 8　体面工作和经济增长”包含 12 个子目标，其中 10 个子目标受疫情影响明显，2 个子目标受疫情影响不明显。针对受疫情影响明显的 9[①] 个子目标的具体分析如下：

8. 1　根据各国国情维持人均经济增长，特别是将最不发达国家国内生产总值年增长率至少维持在 7%
疫情导致全球经济增长速度下滑严重。2020 年新冠肺炎疫情的暴发对全球经济产生了深远的影响，其发展的速度以及对经济的创伤超出预期。疫情导致的封锁和经济停滞大幅削弱了全球消费和投资，外部需求的疲弱及大宗商品价格的走低也广泛冲击了贸易及进出口。 发达经济体在此次疫情中遭受重创，其中欧美地区是此次疫情的重灾区，经济陷入严重衰退。2020 年美国 GDP 萎缩 3.5%，这是 1946 年以来最严重的萎缩；疫情导致欧盟经济陷入严重衰退，2020 年萎缩 6.4%，其中德国和法国经济分别萎缩 5.0% 和 8.3%；疫情和“脱欧”的双重打击导致英国经济衰退程度高于欧盟，且经济预期不振；2020 年

① 基于对相关子目标内容的进一步分析，以及资料数据的可及性，对子目标 8. a 暂未找到充实的资料能够证明其受影响程度，因此最终实际分析的子目标是 9 个。

日本经济遭受疫情重创，大幅萎缩4.8%。

新兴经济体经济普遍下滑严重，各新兴经济体受疫情冲击的程度由于经济结构和财政基础实力的差异而明显分化。东南亚、中亚以及中东和北非地区受疫情冲击相对较小，2020年GDP分别萎缩4.4%、2.1%和3.2%；而南亚和拉美地区是此次疫情的重灾区，经济陷入严重衰退，2020年GDP分别萎缩6.7%和7%[①]。

8.2 通过多样化经营、技术升级和创新，包括重点发展高附加值和劳动密集型行业，实现更高水平的经济生产力

严重依赖旅游业的国家受疫情的冲击更为严重。严重依赖国际旅游业的最不发达国家和小岛屿发展中国家由于旅游业在经济（国内生产总值和出口总额）中所占的份额高、就业对旅游业的依赖等受到的打击更为严重。在大多数小岛屿发展中国家，旅游业产值占出口总额的30%以上，有些国家甚至高达80%。COVID-19再次提醒人们，小岛屿发展中国家在全球冲击下是多么脆弱[②]。旅游城市和国家可借此机会，基于旅游业对目的地的影响，重点通过创新、数字化、伙伴关系建立更具复原力的社区和企业，实现旅游业的转型。

8.3 推行以发展为导向的政策，支持生产性活动、体面就业、创业精神、创造力和创新；鼓励微型和中小型企业通过获取金融服务等方式实现正规化并成长壮大

疫情影响下中小微企业更加难以实现正规化运作。在许多发展中国家，中小微企业主要在非正规部门运作。鉴于它们即使在最好的情况下也难以通过企业注册实现正规化，所以在疫情的影响下，许多中小微企

① 王家璐，于嘉，张晶鑫，等．疫情下的分化与重塑——2020年国际宏观经济分析及2021年展望［EB/OL］．（2021-03）．https：//mp.weixin.qq.com/s/FJuNLQNu6K356LSi6jx66Q.

② 世界旅游组织．世界旅游组织简报——旅游业与COVID-19 第二期 小岛屿发展中国家的旅游业——COVID-19疫期维持民生的挑战［EB/OL］．（2020-06）．https：//doi.org/10.18111/9789284421916.

业将无法获得金融服务等援助[①]，正规化和成长壮大更为艰难。

受疫情影响最严重的经济活动领域的企业，更缺乏应对商业活动长期受到扰乱的财务手段。而那些尚未倒闭的企业则背负着高额债务，其未来投资范围扩大和生产力提高受到限制。国际劳工组织 2020 年第二季度对全球 45 个国家的 4 520 家企业进行的调查显示，80%的微型企业和 70%的小型企业面临着严重的财务困难。非正式企业因无法获得与疫情相关的政府支持或正式信贷额度而处于最不稳定的状况[②]。

8.4 到 2030 年，逐步改善全球消费和生产的资源使用效率，按照《可持续消费和生产模式方案十年框架》，努力使经济增长和环境退化脱钩，发达国家应在上述工作中做出表率

疫情为实现经济增长和环境退化脱钩提供改革的契机。不断增长的全球人口加上不可持续地使用自然资源，正在对地球产生毁灭性影响——推动气候变化、破坏自然和提高污染水平。COVID－19 使各个国家认识到建立可持续和有弹性的经济和社会的重要性，为各个国家制定更环保的复苏计划、改变消费和生产模式，实现经济增长与人类福祉、资源使用、环境影响脱钩提供契机。

8.5 到 2030 年，所有男女，包括青年和残疾人实现充分和生产性就业，有体面工作，并做到同工同酬

COVID－19 导致大量失业，尤其是青年和女性失业。联合国报告显示，2020 年，受 COVID－19 疫情影响，全球失业率达到 6.5%，比上年上升 1.1 个百分点。全球失业人数增加了 3 300 万人，总数达到 2.2 亿人。另有 8 100 万人完全离开了劳动力市场。拉丁美洲和加勒比地区以及欧洲和北美的失业率至少上升了 2 个百分点。与 2019 年第四季度相比，

① 联合国．政策简报：劳动世界与 2019 冠状病毒病［R/OL］.（2020）. https://www.un.org/sites/un2.un.org/files/sg_policy_brief_world_of_work_and_covid_19_chinese.pdf.

② 国际劳工组织．2021 年世界就业和社会趋势［R］. 2021.

2020年全球损失了8.8%的工时，相当于2.55亿个全职工作岗位的工时，大约是2009年全球金融危机期间损失工时的四倍。

青年和妇女受到的打击尤其严重，2020年就业损失分别为8.7%和5.0%，而所有成人和男性就业损失分别为3.7%和3.9%。在疫情大流行之前，全世界有1.78亿青年（约占全球就业青年的40%）在受到疫情严重冲击的行业工作[①]。在服务业、旅游业等受严重影响的部门中，有很大比例的雇员为妇女，她们同时还受到家庭的影响，在家中承担大部分的无偿护理工作，而这些工作还在不断增加。

在疫情之前，残疾人在劳动世界的所有领域都受到严重排斥：15岁及以上残疾人中就业人口所占比例几乎只有非残疾人的一半。就业的残疾人领取的工资往往低于就业的非残疾人。缺乏无障碍工作场所进一步阻碍了残疾人就业。但在疫情大流行的背景下，残疾人失业的可能性更大，而且他们一旦被迫离开劳动力市场就难以重新就业[②]。

8.6 到2020年，大幅减少未就业和未受教育或培训的青年人比例

疫情导致“无工无学无培训”的青年人数增加。联合国报告显示，2019年，世界上22.3%的青年处于“无工无学无培训”（NEET）的“三无”状态，这一比例十多年来没有减少。受疫情影响，技术和职业教育以及在职培训都遭受了大规模破坏，迫使许多人辍学，从2019年第四季度到2020年第二季度，49个国家中有42个国家的NEET率恶化。最新劳动力数据显示，青年，尤其是青年妇女的失业率增幅和增速均高于壮年成年人。NEET女性的数量是男性的两倍以上，且这一状况在未来仍将持续。国际社会可能无法实现到2020年显著减少“无工无学无培训”青年人数的目标[③]。

① 国际劳工组织．国际劳工组织监测报告：COVID-19与劳动世界［R］. 4版．2020.

② 国际劳工组织．COVID-19残酷地凸显了不平等，并可能会加深不平等［R］. 2020.

③ 国际劳工组织．2020年全球青年就业趋势：技术与未来工作［R］. 2020.

8.8 保护劳工权利，推动为所有工人，包括移民工人，特别是女性移民和没有稳定工作的人创造安全和有保障的工作环境

与疫情有关的工作中断对非正规工人家庭收入和生计带来灾难性影响。非正规经济部门的工人更易受到疫情封锁措施的影响。国际劳工组织表示，疫情使非正规经济中有16亿工人（几乎占全球劳动力的一半）面临着生计遭到破坏的直接危险[①]，这些人极有可能陷入贫困，较难在疫情后复苏期间重新获得生计。而且，非正规工人不仅收入受到巨大影响，还暴露于更大的健康和安全风险中，因为他们的工作通常与同事或客户密切互动，但是缺乏适当的保护，如没有口罩或手消毒剂[②]。

难民和移民工人在经济方面受到疫情的影响更为严重。这些工人往往集中在从事大量临时性、非正规或无保护工作的部门，他们可能从事照护工作等，工资低，缺乏社会保障，疫情期间失业和感染病毒的危险更大[③]。对许多移民而言，失去工作不仅直接影响自身收入状况，而且还会失去或无法续办签证、工作许可证和居留证，进一步阻碍他们重新找到工作[④]。与此同时，难民往往难以合法进入劳动力市场、享受国家社会保障政策、获得金融服务和信贷以及自由行动，致使他们失去收入后基本需要得不到满足。

8.9 到2030年，制定和执行推广可持续旅游的政策，以创造就业机会，促进地方文化和产品

疫情导致旅游业危机，殃及经济、民生和文化领域。

经济影响：由于各国实施边境关闭、旅行禁令和封锁措施，旅游业是受新冠肺炎疫情影响最为严重的经济部门之一。从2019年到2020年，

① https：//www. un. org/sustainabledevelopment/goal-of-the-month-may-2020/。

② 联合国．政策简报：劳动世界与2019冠状病毒病［R］. 2020.

③④ 国际劳工组织．COVID－19大流行期间保护移民工人：对政策制定者和选民的建议，联合国关于流动人口的政策简报［R］. 2020.

国际游客从 15 亿人次下降到 3.81 亿人次，下降了 74%，这意味着入境旅游支出损失 1.3 万亿美元，是 2009 年全球经济危机造成损失的 11 倍多，使旅游业倒退到 30 年前的发展水平。

民生影响：旅游业产值的大幅下滑使无数企业和数百万人的长期生计和福祉面临威胁。联合国报告显示，由于疫情，约有 1 亿至 1.2 亿个旅游工作岗位面临风险，其中许多岗位都来自妇女和年轻人占比很高的中小微企业。

文化影响：全球传统、文化的多样性是旅游的主要动因之一。COVID－19 对旅游业的影响给文化部门的遗产保护以及各社区的文化和社会结构，特别是土著人民和族裔群体的文化和社会结构带来更大压力。例如，随着手工艺品和其他商品市场的关闭，土著妇女的收入受到了特别大的影响①。文化组织的收入也大幅下降。在疫情期间，90%的国家完全或部分关闭了世界遗产遗址，约 85 000 个博物馆暂时闭馆②。

8.b　到 2020 年，拟定和实施青年就业全球战略，并执行国际劳工组织的《全球就业契约》

疫情影响青年就业战略制定和实施。受疫情影响，2020 届、2021 届毕业生就业面临许多困难和挑战。为促进青年就业，2020 年，全球加快就业战略的制定和实施进程，以促进就业增长。联合国报告显示，在 107 个拥有数据的国家和地区中，约有 1/3 制定实施了青年就业战略，44 个国家和地区（41.1%）制定了此类战略，但没有提供确凿的实施证据，还有不到 1/4 的国家和地区（24.3%）正在制定战略。

◆ 目标 9　产业、创新和基础设施

“目标 9　产业、创新和基础设施”包含 8 个子目标，且 7 个子目标

① 联合国．联合国秘书长在国际日关注 COVID－19 疫情下土著人民的复原能力［R/OL］.（2020－08－09）. https：//news. un. org/en/story/2020/08/1069822.

② 联合国教科文组织．世界各地博物馆应对 COVID－19 疫情［R/OL］.（2020）. https：//unesdoc. unesco. org/ark：/48223/pf0000373530.

受疫情影响明显，1 个子目标受疫情影响不明显。针对受疫情影响明显的 5 个[①]子目标的具体分析如下：

9.1 发展优质、可靠、可持续和有抵御灾害能力的基础设施，包括区域和跨境基础设施，以支持经济发展和提升人类福祉，重点是人人可负担得起并公平利用上述基础设施

疫情推动各国加快数字基础设施建设进程。在世界各国应对新冠肺炎疫情之际，随着边境关闭、宵禁、封锁和其他出行限制等措施的实施，数字化已开始发挥作用。在全球范围内，线上购物和娱乐、数字金融服务、远程会议和活动在人们的生活和工作中占据了核心地位，改变了社会运转模式和人们的行为模式。疫情期间，全球发生了大规模数字化转型，这一加速数字化的趋势很可能持续下去。在疫情初期，政策制定者采取了紧急措施，支持并助推数字活动。肯尼亚央行取消了手机钱包的交易服务费，并提高了小额交易的限额。这导致交易（主要为 10 美元及以下）金额和数量大幅增加，缓解了最脆弱家庭受到的冲击，并吸收了超过 160 万名新客户。2020 年 3 月，卢旺达宣布免除与手机钱包相关的所有服务费。截至 2020 年 4 月底，各类别手机钱包的周交易量相比疫情暴发前增加了 450%[②]。但是对于仍然处于离线状态、无法获得在线教育和就业机会的 36 亿人来说，弥合数字鸿沟变得前所未有的重要[③]。各国必须开展数字基础设施和数字身份投资，以便民众能够获得在线服务。

9.2 促进包容可持续工业化，到 2030 年，根据各国国情，大幅提高工业在就业和国内生产总值中的比例，使最不发达国家的这一比例翻番

① 基于对相关子目标内容的进一步分析，以及资料数据的可及性，对子目标 9.a、9.b 暂未找到充实的资料能够证明其受影响程度，因此最终实际分析的子目标是 5 个。

② Patrick Njoroge，Ceyla Pazarbasioglu. 弥合数字鸿沟，推动新冠肺炎疫情后的经济复苏[EB/OL].（2020-11）. https://www.imf.org/zh/News/Articles/2020/11/06/blog-bridging-digital-divide-to-scale-up-covid19-recovery.

③ https://www.un.org/sustainabledevelopment/infrastructure-industrialization/。

疫情导致全球制造业产量严重下滑。疫情导致2020年制造业产量下降6.8%。由于制造业被认为是整个经济增长的引擎，制造业生产的低迷对全球经济产生了严重的影响。据联合国贸易和发展会议估计，受影响最大的行业包括精密仪器、机械、汽车和通信设备行业。受影响最严重的经济体包括欧盟（损失156亿美元）、美国（损失58亿美元）、日本（损失52亿美元）、韩国（损失38亿美元）和越南（损失23亿美元）等[①]。联合国报告显示，全球制造业增加值（MVA）占国内生产总值的比重从2019年的16.6%下降到2020年的16.0%。与2019年增长8.7%相比，最不发达国家的制造业预计在2020年仅增长1.9%，可以忽略不计；MVA在这些国家GDP总额中的份额从2010年的10.1%增长到2020年的12.8%，远不能实现到2030年将该份额翻番的目标。

疫情为制造业转型升级提供契机。作为全球制造业核心的经济大国均已暴发疫情，各国为控制疫情扩散而封锁边境，经济活动趋于停止。而疫情结束后，重新恢复的全球经济有可能会在原有基础上重新洗牌，产业链和供应链都有可能受到疫情造成的影响而重新布局。联合国报告显示，全球低技术产品制造业在2020年第四季度出现负增长（−1.8%），这些产能低下、技术落后的企业面临两种结局，一是由于无法应对疫情的冲击永远退出市场，二是打破困境，升级基础设施，寻求发展可持续性工业的方法。疫情为制造业转型升级提供了契机。

中高技术产品制造促进经济回暖。联合国报告显示，2020年下半年，全球大多数经济体在中高技术制造业带动下出现复苏迹象，2020年第四季度，中高技术制造业与2019年同期相比增长了近4%。这一增长是由于全球转向在家工作、远程学习和开展电子商务。这一现象一方面促进数据通信技术基础设施的完善和发展，另一方面则促进了制造业向中高技术制造业方向发展，为包容可持续工业化发展奠定基础。

疫情给航空业造成严重的财务损失，威胁航空从业人员的工作岗位。

① 联合国贸易和发展会议．冠状病毒的暴发使全球价值链的出口损失达500亿美元［R/OL］.（2020－03）. https：//unctad. org/news/coronavirus-outbreak-has-cost-global-value-chains-50-billion-exports.

作为经济发展驱动力的航空业很可能遭遇史上最严重的业绩下滑，疫情的暴发对航空业造成沉重的打击。联合国报告显示，到 2020 年 4 月，政府严格的旅行限制和旅行者的担忧导致约 90%的机队停飞，旅行需求几乎跌至零点。全球航空旅客从 2019 年的 45 亿人次下降到 2020 年的 18 亿人次，下降了 60%，这给该行业带来了约 3 700 亿美元的惊人财务损失，“机场和空中航行服务提供商分别损失了 1 150 亿美元和 130 亿美元”。国际民航组织表示，交通量骤降使整个行业的财务负债受到质疑，并威胁到全球数百万相关工作岗位职员的生存①。联合国报告显示，航空运输业相关工作岗位在 2020 年期间减少了 52.5%——从 8 770 万个减少到 4 170 万个。

9.3　增加小型工业和其他企业，特别是发展中国家的这些企业获得金融服务，包括负担得起的信贷的机会，将上述企业纳入价值链和市场

贫困地区的小规模工业企业难以获得信贷支持，受到更严重的影响。小规模工业企业受到疫情的严重冲击。它们是发展中经济体和新兴经济体的主要工作岗位来源，是创收和减贫的核心，将在新冠肺炎疫情后的全球经济复苏中发挥关键作用。然而，由于规模小、资源有限，它们也很脆弱，没有政府的帮助，无法应对疫情的冲击。尽管一些政府采取了经济支持措施来应对 COVID－19——将现金转移给企业、推迟贷款支付或以更优惠的条件为贷款再融资——但最不发达国家和新兴经济体的政策制定者提供此类措施的影响力要小得多。因此，最不发达国家和新兴经济体的小规模工业企业很可能难以度过疫情带来的危机，进而减缓经济复苏速度。

9.4　到 2030 年，所有国家根据自身能力采取行动，升级基础设施，改进工业以提升其可持续性，提高资源使用效率，更多采用清洁和环保技术及产业流程

① 联合国. Air Travel Down 60 Per Cent，as Airline Industry Losses Top ＄370 Billion：ICAO [EB/OL]. (2021－01－15). https：//news. un. org/en/story/2021/01/1082302.

促进产业基础设施数字化转型升级。疫情导致大量企业复工延迟，面对招工难、用工贵的现状，很多制造企业不得不采取举措，通过引进生产设备、改革用工模式、提升管理效率、提高工人技能等解决难题。例如，苏泊尔面对招工难问题，通过自动化升级，建设人机混线工作环境，减少人工成本。此次疫情或成为传统企业进行数字化改造提升的助推器，企业受劳动力短缺限制被迫采用数字化手段维持生产，从而打破企业数字化转型"不敢转""不会转""不能转"等僵局，推动产业数字化转型投资实现跨越式发展。

9.5　在所有国家，特别是发展中国家，加强科学研究，提升工业部门的技术能力，包括到2030年，鼓励创新，大幅增加每100万人口中的研发人员数量，并增加公共和私人研发支出

疫情使世界更加关注科研能力提升。COVID-19疫苗的快速研发证明创新在突发危机中的关键作用，投资与研发的重要性从未如此明显。而COVID-19不是世界面临的唯一危机，也不会是最后一次。这次危机提醒各个国家需要继续加强对研发融资的政策承诺。各国为了提高自身应对突发危机的水平，增强可持续发展的能力，应增加研发投入，培养创新人才，加强科学研究，提高创新能力。

◆ 目标10　减少不平等

"目标10　减少不平等"包含10个子目标，其中7个子目标属于受疫情影响明显的目标，3个子目标属于受疫情影响不明显的目标。针对受疫情影响明显的6[①]个子目标的具体分析如下：

10.1　到2030年，逐步实现和维持最底层40%人口的收入增长，并确保其增长率高于全国平均水平

① 基于对相关子目标内容的进一步分析，以及资料数据的可及性，对子目标10.7暂未找到充实的资料能够证明其受影响程度，因此最终实际分析的子目标是6个。

疫情中断收入不平等持续好转的趋势。自2008年全球金融危机以来，新兴市场和发展中国家的平均基尼系数一直在下降。然而，国际货币基金组织2020年10月发布的《世界经济展望：漫长而艰难的上升》估计，COVID-19使这些国家的平均基尼系数增加2.6个点，达到42.7（增加6%），打破了自2008年全球金融危机以来不平等程度持续下降的趋势。对于低收入国家的影响预计更大，尽管这些国家自2008年以来在减少不平等方面取得的进展较小[①]。

10.2 到2030年，增强所有人的权能，促进他们融入社会、经济和政治生活，而不论其年龄、性别、残疾与否、种族、族裔、出身、宗教信仰、经济地位或其他任何区别

疫情使最弱势群体的权能遭遇更多不平等。面对疫情影响，最弱势群体（包括老年人、残疾人、边缘人和流离失所者、妇女、儿童等）往往付出最高的代价[②]。

疫情暴发对残疾人的影响格外严重。由于无法获得环境卫生设施、无法依靠身体接触来获得支助、无法获取公共卫生信息、身体健康状况较差或者被安置在通常过度拥挤和不卫生的医疗机构环境中[③]等，残疾人感染新冠肺炎的风险更大。全球范围内，残疾人，包括残疾老年人，在居住在医疗机构中的人中占大多数[④]，而处于医疗机构环境中的人感染和死于新冠肺炎的比率最高[⑤]。在疫情暴发期间，残疾人在获得医疗保

① 国际货币基金组织．世界经济展望：漫长而艰难的上升［R］．2020.

② 尚晓旭，陈丹丹，张晶．新冠肺炎疫情对实现可持续发展目标的挑战［J］．中国认证认可，2020（8）：15-17.

③ 世界卫生组织．2019冠状病毒病暴发期间对残疾问题的考虑［R］．2020；H Kuper，P Heydt. The Missing Billion，Access to Health Services for 1 Billion People with Disabilities，LSHTM［J］．2019；I Mactaggart，et al. Access to Water and Sanitation among People with Disabilities［J］．BMJ Open，2018，8（6）：e020077.

④ 经济合作与发展组织．寄宿式长期护理设施的床位、医院的长期护理床位和医院的精神科护理床位［EB/OL］．（2019）．https：//oe.cd/ds/health-statistics；M Luppa，et al. Prediction of Institutionalization in the Elderly. A Systematic Review［J］．Age Ageing，2010，39（1）：31-38.

⑤ A Comas-Herrera，et al. Mortality Associated with COVID-19 Outbreaks in Care Homes：Early International Evidence［R］．2020.

健和救治方面面临歧视的风险更大，导致其获得医疗保健、康复和辅助治疗的机会也可能受到限制[①]。另外，基于疫情的社会经济影响和控制这一大流行病的措施，残疾人在就业和社会保障、教育、支助服务等方面都处于不利地位。

COVID-19 暴露了对老年人，尤其是老年妇女和残疾老年人的不平等，包括无法充分获得基本商品和基本服务、有限的社会保护服务以及普遍存在的年龄歧视。COVID-19 疫情下，老年人感染死亡的比率较高，欧洲超过 95%的死亡病例是 60 岁及以上的人[②]；美国 80%的感染死亡发生在 65 岁及以上的人中[③]；中国大约 80%的感染死亡发生在 60 岁及以上的人中[④]。在卫生系统薄弱、医疗设施压力大的发展中国家，老年人获得医疗保健的机会、使用稀缺医疗资源的机会等存在不平等，尤其患有残疾和慢性病的老年人在获得医疗保健方面可能会遇到更多困难。养老机构人员密度大，在疫情严峻的国家，机构中的老人被感染的风险更大。许多老年人的日常生存依赖家庭支持和社区服务，疫情导致的居家隔离、封锁限行等措施使他们在家中更容易受到虐待，包括身体、情感、经济等方面，且无法及时获得援助和服务。

COVID-19 大流行导致暴力侵害妇女和女童的行为急剧增加。禁足在家成为家暴的温床，许多妇女和女童被限于家中，与虐待她们的伴侣在一起，而且在一些国家没有手机或互联网，使得女性更难安全地寻求帮助。此外，由于相关服务中断和关闭，遭受暴力侵害的女性获得支持的机会减少，使她们遭受家庭暴力的风险提升。联合国妇女署最新数据显示，自疫情暴发以来，针对妇女和女童的暴力行为，尤其是家庭暴力行为愈演愈烈，在疫情中的 12 个月期间，全球有 2.43 亿妇女和女童遭

---

① Baart，F Taaka. Barriers to Healthcare Services for People with Disabilities in Developing Countries：A Literature Review [J]. Disability，CBR & Inclusive Development，2017，28 (4)：26.

② http：//www. euro. who. int/en/health-topics/health-emergencies/coronavirus-covid-19/statements/statement-older-people-are-at-highest-risk-from-covid-19，-but-all-must-act-to-prevent-community-spread。

③ https：//www. cdc. gov/mmwr/volumes/69/wr/mm6912e2. htm? s_cid=mm6912e2_w。

④ https：//www. ncbi. nlm. nih. gov/pubmed/32064853。

受过亲密伴侣的性暴力和/或身体暴力[①]。

世界上3/4的难民和许多移民居住在卫生系统已经不堪重负和能力不足的发展中地区，或住在人满为患的营地、定居点、临时庇护所、接待中心，再或者被关押在正式和非正式的拘留场所，这些场所空间狭窄，缺乏足够的卫生服务、清洁水和卫生设施，一旦暴发COVID-19，将会造成致命后果[②]。联合国报告显示，在全球范围内，难民人数在2020年达到历史最高水平，数以千计的移民在移徙途中死亡。

10.3 确保机会均等，减少结果不平等现象，包括取消歧视性法律、政策和做法，推动与上述努力相关的适当立法、政策和行动

疫苗分配方面巨大的不平等造成新的经济差距。疫苗接种至少可以在两个方面帮助国家发展，允许国家放松封锁措施，进而影响经济发展。但是疫苗分配方面存在巨大的不平等：截至2021年6月17日，欧洲和北美每100人中约有68人接种疫苗，而撒哈拉以南非洲地区则不到2人[③]。世界银行预测，疫苗接种率最高的10个经济体预计2021年接种率平均增长速度达5.5%，而疫苗接种率最低的10个经济体可能仅增长2.5%。世界银行对2021年美国经济增长率的预测从2021年1月的3.5%上升至2021年6月的6.8%，这得益于美国疫苗接种的推进，遵循快速疫苗接种程序的新兴经济体前景更好[④]。在世界上最贫穷的29个经济体中，只有0.3%的人口接种了单剂疫苗，而这一群体的增长前景自2021年1月以来已经恶化，2021年这些经济体的GDP将增长2.9%，而不是之前预期的3.4%。2020年这些国家的经济表现最差。

---

① 联合国妇女署. COVID-19 and Ending Violence Against Women and Girls [R]. 2020.

② OHCHR, IOM, UNHCR, et al. The Rights and Health of Refugees, Migrants and Stateless Must be Protected in COVID-19 Response [EB/OL]. (2020-03-31). https://www.unhcr.org/en-us/news/press/2020/3/5e836f164/rights-health-refugees-migrants-stateless-must-protected-covid-19-response.html.

③ https://news.un.org/en/story/2021/07/1095362。

④ 腾讯网. 不平等的疫苗接种率造成新的经济差距 [EB/OL]. (2021-06-28). https://new.qq.com/rain/a/20210628A06HLD00.

10.4 采取政策，特别是财政、薪资和社会保障政策，逐步实现更大的平等

向受疫情影响的非洲国家提供资金援助。由于疫情影响，撒哈拉以南非洲 2020 年经济萎缩 1.9%[①]，本已薄弱的财政状况进一步恶化，医疗卫生体系以及脆弱的家庭和企业难以应对新冠肺炎疫情带来的危机。国际货币基金组织通过扩大紧急贷款限额、补充减贫与贷款信托的资金、响应来自非洲国家的超过 40 项的融资请求等方式为非洲国家筹集资金和抗疫资源，法国、德国等国家通过债务减免、筹集资源等参与到非洲国家的救援中，帮助其加强卫生服务，保护最脆弱的群体和经济部门，增强其抵御灾害的能力[②]。

10.5 改善对全球金融市场和金融机构的监管和监测，并加强上述监管措施的执行

疫情期间，在大规模政策的支持下，全球金融体系保持稳定。在大规模的政策支持下，全球金融体系在疫情期间表现稳健，融资环境显著放松。这帮助维持了家庭和企业的信贷流动，促进了经济复苏，抑制了金融风险。经济前景的改善明显减轻了不利后果，但未来的 GDP 增长仍面临显著的下行风险[③]。

10.b 鼓励根据最需要帮助的国家，特别是最不发达国家、非洲国家、小岛屿发展中国家和内陆发展中国家的国家计划和方案，向其提供官方和资方发展援助金，包括外国直接投资

全球衰退可能会压缩对发展中国家的援助流量。2019 年，从发展援助委员会捐助方、多边机构和其他主要提供方流向发展中国家的用于发展

①③ 国际货币基金组织．世界经济展望［R］．2021.

② 国际货币基金组织．国际货币基金组织总裁的开幕致辞：与非洲一起行动起来——2020 年春季会议［EB/OL］．(2020-04-17)．https：//www.imf.org/zh/News/Articles/2020/04/17/sp041720-2020-Spring-Meetings-High-Level-Virtual-Event-on-Mobilizing-with-Africa.

的资源共计 4 000 亿美元。但受疫情影响，2020 年全球经济急剧收缩 3.3%[①]。联合国报告指出，这是自大萧条以来最严重的衰退，超过 2008 年全球金融危机期间的衰退。这可能会给发展援助委员会成员的官方发展援助预算带来压力，进而加剧发展中国家的贫困水平[②]。

◆ 目标 11　可持续城市和社区

"目标 11　可持续城市和社区"包含 10 个子目标，其中 8 个子目标属于受疫情影响明显的目标，2 个子目标属于受疫情影响不明显的目标。针对受疫情影响明显的 4 个[③]子目标的具体分析如下：

11.1　到 2030 年，确保人人获得适当、安全和负担得起的住房和基本服务，并改造贫民窟

疫情加剧了贫民窟居民的困境。从传染结果来看，此次疫情造成的影响在贫困且人口稠密的城市地区最为严重[④]。除了贫民窟和非正规居住区居民享有的基本基础设施和服务非常有限甚至没有外，过度拥挤的公共空间、有限的卫生保健设施也给这些社区带来了灾难性的后果，使其成为疫情中心的中心。在一些非正规居住区，勤洗手、保持社交距离、自我隔离、片区封锁等防控措施往往并不可行。许多贫民窟居民没有正式的工作，收入不稳定且储蓄极少，如果封锁城市，他们既没有任何获得社会福利的机会，也将失去生计来源，无法负担水、肥皂、食物、房租或医疗费用。

① 国际货币基金组织．全球金融稳定报告［R］．2021.

② 联合国副秘书长：可持续发展的催化剂［EB/OL］．http：//caifuhao.eastmoney.com/news/20200507103115409214570.

③ 基于对相关子目标内容的进一步分析，以及资料数据的可及性，对子目标 11.4、11.a、11.b、11.c 暂未找到充实的资料能够证明其受影响程度，因此最终实际分析的子目标是 4 个。

④ https：//unhabitat.org/coronavirus-will-travel-incredibly-fast-in-africas-slums-un-habitat-chief-warns。

11.2 到2030年，向所有人提供安全、负担得起的、易于利用、可持续的交通运输系统，改善道路安全，特别是扩大公共交通，要特别关注处境脆弱者、妇女、儿童、残疾人和老年人的需要

疫情使得城市公共交通中断，被迫削减服务。疫情期间，各城市公共交通的使用情况受到严重干扰，干扰程度从部分关闭、运力下降到完全关闭交通网络不等。随着疫情的持续，各城市不得不采取额外的安全措施以减轻新冠病毒在拥挤的公共交通中传播的高风险。此外，疫情导致的乘客人数减少趋势可能会危及向所有人提供安全和可持续运输系统的实现，并阻碍为应对气候变化、空气污染而做出的努力①。例如，疫情暴发后中国的公共交通使用量出现下降，私家车的使用量出现上升②。

11.3 到2030年，在所有国家加强包容和可持续的城市建设，加强参与性、综合性、可持续的人类住区规划和管理能力

疫情促使我们对城市进行积极的反思。疫情清晰地表明，城市规划对于改善公共卫生和减轻人们面对自然灾害等其他危害时的脆弱性至关重要。截至2021年3月，已有156个国家制定了国家城市政策，以为预防下一次疫情风险做好准备。例如，在流行病的防疫体系建设、基础设施配备以及相关科研方面进行更好的投入与准备，可以在很大程度上降低流行病等“黑天鹅事件”造成的各类直接与间接的损失。

① 联合国．政策简报：城市世界中的2019冠状病毒病［R/OL］.（2020－07）. https：//www.un. org/sites/un2. un. rg/files/covid-19 _ in _ an _ urban _ world _ chinese. pdf.

② IPSOS. Impact of Coronavirus，Survey of 1620 Consumers in China［EB/OL］.（2020）. https：//media. ifrc. org/ifrc/press-release/east-africa-red-cross-raises-alarm-triple-menace-floods-covid-19-locusts/.

11.5　到2030年，大幅减少包括水灾在内的各种灾害造成的死亡人数和受灾人数，大幅减少上述灾害造成的与全球国内生产总值有关的直接经济损失，重点保护穷人和处境脆弱群体
疫情使本已易受其他自然灾害影响的社区和城市受到更严重的冲击。疫情除了令穷人和处境脆弱群体面临严重的健康危机、收入减少等威胁，还会加深对易受其他灾害影响地区的破坏。比如，在东非，由于持续的暴雨阻碍了在COVID-19疫情期间应对成群蝗虫的努力，人们正面临灾害相互加剧的“三重威胁”[①]，当地穷人和弱势群体的处境更加艰难。

◆ 目标12　负责任的消费和生产

“目标12　负责任的消费和生产”包含11个子目标，其中6个子目标属于受疫情影响明显的目标，5个子目标属于受疫情影响不明显的目标。针对受疫情影响明显的4个[②]子目标的具体分析如下：

12.1　各国在照顾发展中国家发展水平和能力的基础上，落实《可持续消费和生产模式十年方案框架》，发达国家在此方面要做出表率
受疫情影响，可持续生产和消费进展的不平衡性将会继续拉大。2017年至2020年，83个国家和地区分享信息，说明其对实施《可持续消费和生产模式十年方案框架》的贡献。2020年报告了136项政策和27项实施活动，使总数达到700多项。然而，撒哈拉以南非洲仅报告了50项政策和实施活动，而欧洲和北美则为374项。虽然已经采取了具体行动来提高特定行业或领域的资源利用效率，但这些行动并未在各部门和各行业广泛开展。由于不同国家疫情影响程度和后疫情时代经济恢复速度的不同，可持续生产和消费进展的不平衡性将会继续增强。

① https://media.ifrc.org/ifrc/press-release/east-africa-red-cross-raises-alarm-triple-menace-floods-covid-19-locusts/。

② 基于对相关子目标内容的进一步分析，以及资料数据的可及性，对子目标12.6、12.a暂未找到充实的资料能够证明其受影响程度，因此最终实际分析的子目标是4个。

12.2　到 2030 年，实现自然资源的可持续管理和高效利用

疫情为制定更环保的复苏计划、转变生产和消费方式提供了契机。 COVID－19 的出现凸显了人与自然之间的关系，并揭示了我们将始终面临的矛盾：人类的需求无限，但地球满足人类需求的能力有限，我们必须在负面影响出现之前，理解和认识到人类可利用的自然资源是有限的。联合国等社会组织以此为契机，呼吁和倡议全球各个国家制定更环保的复苏计划，寻求转变生产和消费方式、促进可持续发展的道路。联合国秘书长古特雷斯先生就气候问题提出了六项行动；《联合国气候变化框架公约》执行秘书帕特里夏·埃斯皮诺萨在国际地球母亲日的致辞中指出："这次重启打开了希望和机遇的窗口……各国有机会制定更加环保的复苏计划，以清洁、绿色、健康、安全和更具韧性的方式塑造 21 世纪的经济。"为各个国家重建更美好的家园提供方向和指引。

12.4　到 2020 年，根据商定的国际框架，实现化学品和所有废物在整个存在周期的无害环境管理，并大幅减少它们排入大气以及渗漏到水和土壤的概率，尽可能降低它们对人类健康和环境造成的负面影响

疫情期间医疗和危险废物数量的增加，增大了它们对人类健康和环境的负面影响。在新冠肺炎疫情期间，产生了许多类型的额外医疗和危险废物，包括携带病毒的口罩、手套和其他防护设备，以及数量更多的相同性质的未携带病毒物品。联合国《巴塞尔公约》《鹿特丹公约》和《斯德哥尔摩公约》（BRS）秘书处报告指出，对这些废物的不健全管理，可能会对人类健康和环境造成无法预料的"连锁反应"。BRS 秘书处敦促各国政府将废物管理，包括医疗、家庭和其他危险废物的管理，作为一项紧急和必要的公共服务，以尽可能减少医疗和危险废物对健康和环境的影响①。但是，最不发达国家薄弱的医疗废物处置能力很可能使被污染的医疗废物成为加剧新冠肺炎蔓延的又一渠道。

---

① 郑金武．医疗废物管理是战胜疫情重要支撑［EB/OL］．（2020－05－02）．http：//news.sciencenet.cn/htmlnews/2020/5/439273.shtm.

12. b 开发和利用各种工具，监测能创造就业机会、促进地方文化和产品的可持续旅游业对促进可持续发展产生的影响

疫情促进旅游创新和创业生态系统建设，促进可持续旅游业发展。联合国报告称，COVID-19危机是将维持旅游业生计与2030年可持续发展目标（SDGs）相结合的契机。在对旅游业造成巨大影响的同时，这场危机也给旅游部门的转型带来了机遇，促进旅游业迈向更具弹性、包容性、碳中和和资源利用效率的未来。

这场危机要求建立更强有力的框架计量旅游业的全面影响①，并制定有据可依的政策。支持发展中国家提高统计能力、大力部署数字技术和其他新兴技术以及监测和报告工具，这些对于旅游业的可持续规划和管理至关重要。建设旅游创新和创业生态系统，以推进旅游业数字化转型。侧重于采用数字模式管理旅游业，创造新的就业机会，创造新的可持续产品和体验，将旅行者与自然和创意产业联系起来，增强社区权能，并通过技术促进旅行安全；运用数字技术（如无人驾驶飞机或远程和卫星技术）支持环境规划和监测，保护旅游业所依赖的自然资产。

◆ 目标13 气候变化

“目标13 气候变化”包含5个子目标，且各个子目标均属于受疫情影响明显的目标。针对受疫情影响明显的3个②子目标的具体分析如下：

13.1 加强各国抵御和适应气候相关的灾害和自然灾害的能力

疫情虽然减少了总体温室气体排放，但气候危机仍然严峻。总体上，为应对疫情而采取的封锁措施使2020年温室气体排放量暂时减少。其中发达国家的下降幅度最大，平均下降了近10%，发展中国家的排放量相

① 世界旅游组织旅游业数据看板，可查阅：https://www.unwto.org/unwto-tourism-dashboard。

② 基于对相关子目标内容的进一步分析，以及资料数据的可及性，对子目标13.a、13.b暂未找到充实的资料能够证明其受影响程度，因此最终实际分析的子目标是3个。

对于2019年下降了4%，创下历史新高。全球碳项目相关研究显示，疫情期间，受居家隔离政策影响，陆路运输和工业活动大幅减少，2020年4月初，全球每日二氧化碳排放量比2019年同期降低了17%。然而，主要温室气体在大气中的浓度继续增加，来自特定地点（包括冒纳罗亚火山、塔斯马尼亚州格里姆角）的实时数据显示，2020年，二氧化碳、甲烷和一氧化二氮的浓度水平呈现上升趋势，到2020年12月，温室气体排放量已全面回升，比2019年同期高出2%①。

13.2 将应对气候变化的举措纳入国家政策、战略和规划

疫情削弱政策层面对气候变化议题的关注。新冠肺炎疫情打破了环保与气候议程近年在全球范围取得的良好发展态势，造成的负面影响不容忽视。有专家指出，疫情后各国的经济复苏政策和复工复产活动，可能会带来“报复性”污染和碳排放激增，部分国家和地区甚至可能为实现经济的复苏与增长，改变疫情前的绿色低碳政策，将经济增长置于气候行动之上，转而支持高污染、高排放企业的发展②。

13.3 加强气候变化减缓、适应、减少影响和早期预警等方面的教育和宣传，加强人员和机构在此方面的能力

疫情影响气候变化相关的能力建设。受疫情封锁政策影响，包括联合国气候大会在内的多项相关国际会议被迫延期，减缓、适应、预警气候变化相关主题的大多数教育培训和宣传活动只能通过线上的形式举办，线下指导交流的机会明显减少。

◆目标14 水下生物

“目标14 水下生物”包含10个子目标，其中6个子目标属于受疫

① 联合国.2021年可持续发展目标报告［R］. 2021.

② 邵丹青.新冠肺炎疫情对环境保护与应对气候变化议程的影响［J］. 当代金融家，2020（8）：105－106.

情影响明显的目标，4 个子目标属于受疫情影响不明显的目标。针对受疫情影响明显的 3 个[①]子目标的具体分析如下：

14.1　到 2025 年，预防和大幅减少各类海洋污染，特别是陆上活动造成的污染，包括海洋废弃物污染和营养盐污染

因疫情产生的医疗废弃物对海洋环境造成威胁。疫情应对过程中，各国使用了大量医疗防护类塑料产品，导致进入海洋中的塑料垃圾迅速增加，加剧了海洋环境污染，进而对海洋生物的生存产生影响。由于更多的政策关注点集中在应对疫情本身上，有关废弃物回收利用或延迟使用塑料的重要规定退居次要地位，出现随意丢弃塑料手套和口罩的问题。据海洋保护组织 Oceans Asia 发布的报告，2020 年全球生产口罩的数量估计有 520 亿个，而至少有 15.6 亿个口罩流入海洋，这些流入海洋的口罩需要 450 年才能逐渐转变成微塑料[②]。

14.b　向小规模个体渔民提供获取海洋资源和市场准入机会

疫情令小规模个体渔民的生计遭受冲击。小规模渔民的产量占发展中国家渔业总产量的一半以上，但他们仍是最边缘的食物生产者。有证据表明，由于全球对海产品的需求减少，而且运输限制阻碍了市场流通，疫情危机已经对小规模渔民的生计产生不利影响[③]。据联合国粮农组织报告，在地中海和黑海的部分地区，超过九成的小规模渔民因无法出售其渔获而被迫停止捕捞，且这种情况常常因为产品价格下跌而加剧[④]。在此背景下，各国对小规模渔民进行支持比以往任何时候都更重要。

① 基于对相关子目标内容的进一步分析，以及资料数据的可及性，对子目标 14.2、14.3、14.7 暂未找到充实的资料能够证明其受影响程度，因此最终实际分析的子目标是 3 个。

② 盛普生命科技．大量的废弃口罩正在伤害海洋动物的生命［EB/OL］．(2021-03)．https：//ecep.ofweek.com/2021-03/ART-93014-8500-30489683.html.

③ 联合国．2021 年可持续发展目标报告［R］．2021.

④ 联合国粮食及农业组织．2020 年世界渔业和水产养殖状况［R］．2020.

14.c　按照《我们希望的未来》第158段所述，根据《联合国海洋法公约》所规定的保护和可持续利用海洋及其资源的国际法律框架，加强海洋和海洋资源的保护和可持续利用

疫情危机客观上为海洋恢复带来了机会。从全球范围看，疫情使人类涉海活动和海产品消费减少，出现大规模的停运停航，为海洋生态恢复提供了很好的契机。与此同时，联合国亚洲及太平洋经济社会委员会的研究也表明，新冠肺炎疫情大流行导致人类活动暂停，人口流动和资源需求减少，为海洋环境提供了难得的喘息空间，有助于环境复原①。例如，疫情期间，在巴西里约热内卢附近的瓜纳巴拉湾海底，海洋生物学家发现了很多几十年未见的稀有海洋生物②；2020年世界地球日，儒艮、黑鳍鲨、伪虎鲸等海洋珍稀生物集群出现在它们往日因密集的人类活动而无法轻易靠近的泰国南部海域。

◆ 目标15　陆地生物

“目标15　陆地生物”包含12个子目标，其中11个子目标属于受疫情影响明显的目标，1个子目标属于受疫情影响不明显的目标。针对受疫情影响明显的2个③子目标的具体分析如下：

15.5　采取紧急重大行动来减少自然栖息地的退化，遏制生物多样性的丧失，到2020年，保护受威胁物种，防止其灭绝

疫情对生物多样性保护带来了双重影响。从目标进展来看，全球未能实现2020年遏制生物多样性丧失的目标，保护生物多样性任重而道远。生物多样性和生态系统服务政府间科学与政策平台（IPBES）发布的报告指出，生物多样性丧失与大流行病风险因素增加之间存在明确关

① https：//news.un.org/en/story/2020/05/1063832。

② 黄晶．新冠肺炎疫情对海洋可持续发展的影响［J］．可持续发展经济导刊，2020（8）：15.

③ 基于对相关子目标内容的进一步分析，以及资料数据的可及性，对子目标15.1、15.2、15.3、15.6、15.8、15.9、15.a、15.b、15.c暂未找到充实的资料能够证明其受影响程度，因此最终实际分析的子目标是2个。

联[①]。疫情提醒着人类社会重新反思人与环境、其他生物的关联，越来越多的政府和社会组织呼吁公众加强对野生动物和自然栖息地的保护。与此同时，疫情期间人类外出活动的减少也降低了对野生动植物生存环境的干扰和破坏，对生物多样性保护具有一定的积极作用。

然而，受疫情影响导致的旅游收入损失也会进一步危及保护区和其他生物多样性养护区，当地社区可能会为了自用或创收转向过度开发自然资源。如果不能恢复养护工作，当前的生物多样性危机可能会进一步恶化。

15.7 采取紧急行动，终止偷猎和贩卖受保护的动植物物种，处理非法野生动植物产品的供求问题

疫情导致一些保护区偷猎现象有所增加。疫情影响下，食品价格上涨、工作机会减少、旅游收入锐减、护林员被迫减少活动，导致保护区及其周边地区的人们转向森林寻找其他的选择，比如捕猎野味。国际养护组织报告称，疫情危机导致非洲野味消费和亚非拉地区的森林砍伐数量增加[②]。与此同时，在乌干达，2020 年 2 月至 5 月野生动物管理局报告的偷猎事件数量是 2019 年的两倍；在柬埔寨，旅游业需求崩塌后，3 只极度濒危的巨型朱鹮于 4 月初被捕杀作为肉食[③]；在印度，实行全面封锁后的全国野生动物偷猎案件数量相比封锁前增加了一倍以上[④]。因此，不应让当前的疫情转移人们对保护野生生物和打击野生动物犯罪的注意力。

---

① Intergovernmental Science-Policy Platform on Biodiversity and Ecosystem Services. IPBES Workshop on Biodiversity and Pandemics Report [R]. 2020.

② 国际养护组织 . COVID－19 对自然的影响 [R/OL]. (2020). https://www.conservation.org/stories/impact-of-covid-19-on-nature.

③ Patrick Greenfield, Peter Muiruri. Conservation in Crisis: Ecotourism Collapse Threatens Communities and Wildlife [EB/OL]. (2020－05－05). https://www.theguardian.com/environment/2020/may/05/conservation-in-crisis-covid-19-coronavirus-ecotourism-collapse-threatens-communities-and-wildlife-aoe.

④ 赵丹 . 疫情期间印度野生动物偷猎案件增加超一倍 [EB/OL]. (2020－08－11). https://mp.weixin.qq.com/s/i7wfIRkIW2YJ7S6lzq8odQ.

◆ 目标16　和平、正义与强大机构

“目标16　和平、正义与强大机构”包含12个子目标，其中5个子目标受疫情影响明显，7个子目标受疫情影响不明显。针对受疫情影响明显的4个[①]子目标的具体分析如下：

16.1　在全球大幅减少一切形式的暴力和相关的死亡率
新冠肺炎疫情在全球大流行，一方面加剧了武装斗争持续地区的威胁，另一方面也促使一些地区停战，减少暴力事件发生。联合国报告显示，到2020年底，全球约有1%的人口（8 240万人）因迫害、冲突或普遍暴力而被迫流离失所。武装冲突导致平民死亡、受伤、流离失所以及包括医疗保健设施在内的基本基础设施受损，而且因战争而流离失所的人们被迫居住在过度拥挤的环境中，这些平民很可能会遭受武装冲突和COVID-19的双重致命打击，从而可能提高疫情期间武装冲突持续地区的死亡率。但也有很多地区响应联合国停战的呼吁，暂时停止了战争。如2020年4月，在伊拉克政府和民众的不断呼吁以及疫情的压力下，迟迟不愿撤军的美国驻伊拉克军队已经开始撤离。深陷战乱多年的也门也有积极的消息传出，2020年4月上旬，也门政府发表声明说愿意与胡塞武装停火以应对疫情；沙特主导的多国联军4月8日宣布，从次日开始在也门实行为期两周的单方面停火，同日，也门胡塞武装也提出了与多国联军全面停止战争的建议，交战多年的双方以此响应联合国有关停火应对疫情的呼吁[②]。

16.6　在各级建立有效、负责和透明的机构
疫情相关支出治理措施减少腐败行为。各国政府在疫情中发挥了重要作用，为个人和企业提供救助，帮助抗击疫情并应对疫情带来的经济影响。为保证这些措施的有效性，相应支出必须具备较高的透明度和问

① 基于对相关子目标内容的进一步分析，以及资料数据的可及性，对子目标16.7暂未找到充实的资料能够证明其受影响程度，因此最终实际分析的子目标是4个。

② 范鸿达．疫情下的中东：延续与变化［EB/OL］．（2020-04-09）．http：//www.mesi.shisu.edu.cn/f7/1f/c3713a128799/page.htm.

责制。国际货币基金组织（IMF）呼吁各国维护疫情相关支出的透明度和问责制，对于在危机期间获得 IMF 资金的国家，要求它们采取特定的治理措施，包括承诺公布与疫情有关的采购合同、合同中标公司的实益所有权，以及疫情支出报告和审计结果。具体措施是根据一国的国情和腐败风险严重程度来确定的。此外，所有接受资金支持的国家都承诺开展保障评估——这是一项尽职调查，旨在确保该国中央银行能够提供可靠的信息并以透明方式管理从 IMF 获得的资金。

疫情期间，通过提高透明度来改善治理、打击腐败的一系列举措，为各个国家疫情期间有关资金和措施能够帮到切实急需帮助的个人和企业、减少腐败行为提供了保障。为有效实施疫情期间和之后的各项反腐改革，各国需要建立透明的治理机制，持续开展反腐工作①。

16. a　通过开展国际合作等方式加强相关国家机制，在各层级提高各国尤其是发展中国家的能力建设，以预防暴力，打击恐怖主义和犯罪行为

加强国际合作，协商应对举措，打击疫情背景下恐怖组织非法集资等犯罪行为。人们认识到，新冠肺炎疫情增加了恐怖组织通过在线资源筹集资金的机会。2021 年 6 月 25 日，法国常驻联合国代表团、印度常驻联合国代表团、联合国毒品和犯罪问题办公室（UNODC）、联合国反恐办公室（UNOCT）、反恐委员会执行局（CTED）和 1267 委员会监测小组举行了一次关于在后 COVID－19 环境中打击恐怖主义的会外活动，重点关注后 COVID－19 格局中的恐怖主义融资威胁和趋势，特别关注恐怖主义以融资为目的滥用数字空间的行为。恐怖组织在利用一切机会通过虚拟资产平台筹集、转移资金以及通过复杂的区块链机制模糊这些交易的可追溯性方面具有非常专业的知识，为打击恐怖组织的犯罪行为，官方需要与私营部门实体密切合作，并在《联合国全球反恐协调契约》范围内随时准备协助会员国应对这些挑战。

① Chady El Khoury，Jiro Honda，Johan Mathisen，et al. 疫情相关支出的“收据核验”[EB/OL].（2021－05－20）. https：//www. imf. org/zh/News/Articles/2021/05/20/blog-052021-checking-the-receipts-from-pandemic-related-spending.

16. b 推动和实施非歧视性法律和政策以促进可持续发展
疫情凸显了平等和不歧视的重要性。病毒在一个社区内持续存在，就是对所有社区的威胁，因此，歧视性做法将使我们所有人处在危险之中。如果一个人被排除在外，病毒就有机会在社会上持续存在，我们所有的努力也都将受到损害。包容是最能保护我们所有人的办法。各国有责任确保每个人都得到保护，免受病毒及其后果的影响。这可能需要对风险最大或受影响最大的特定群体采取特殊措施和保护。应对疫情需要考虑多重和交叉形式的歧视和不平等，包括普遍的性别不平等。但我们也需要承诺防止在危机结束后它们持续存在[①]。为了确保每个人都得到保护，政府推动和实施非歧视性的法律和政策是最有效的方法，也为疫情结束后非歧视性政策和法律的沿用奠定基础。

◆ 目标17 促进目标实现的伙伴关系

"目标17 促进目标实现的伙伴关系"包含19个子目标，其中17个子目标属于受疫情影响明显的目标，2个子目标属于受疫情影响不明显的目标。针对受疫情影响明显的7个[②]子目标的具体分析如下：

17.2 发达国家全面履行官方发展援助承诺，包括许多发达国家向发展中国家提供占发达国家国民总收入0.7%的官方发展援助，以及向最不发达国家提供占比0.15%至0.2%援助的承诺；鼓励官方发展援助方设定目标，将占国民总收入至少0.2%的官方发展援助提供给最不发达国家
发展援助委员会成员在疫情当下支持包容性全球复苏，促使官方发展援助增加。2020年官方发展援助净流量为1 610亿美元，与2019年相比实际增长7%，达到有记录以来的最高水平。这相当于发展援助委员会

① 联合国．政策简报：2019冠状病毒病与人权 我们同舟共济［R/OL］．（2020）．https：//www.un.org/sites/un2.un.org/files/human_rights_and_covid19_chinese.pdf.

② 基于对相关子目标内容的进一步分析，以及资料数据的可及性，对子目标17.1、17.6、17.7、17.8、17.9、17.10、17.13、17.14、17.15、17.17暂未找到充实的资料能够证明其受影响程度，因此最终实际分析的子目标是7个。

捐助方国民总收入总和的0.32%，与2019年时的0.3%相比有所增加，但低于官方发展援助占发达国家国民总收入0.7%的目标。官方发展援助增加，既是因为委员会成员在疫情下支持包容性全球复苏，也因为一些贷款成员增加了双边主权贷款。

17.3 从多渠道筹集额外财政资源用于发展中国家

用于发展中国家的外国直接投资受到疫情的冲击大幅下降。联合国报告显示，2020年，由于全球需求受到冲击导致投资延迟，外国直接投资降幅高达40%，自2005年以来首次降至1万亿美元以下（2019年为1.5万亿美元），使过去10年本已乏善可陈的国际投资增长化为乌有。2020年，流向与可持续发展目标相关的发展中和转型经济体的国际私营部门投资减少了约1/3。除了可再生能源（新项目的增长继续但被削减到COVID-19前水平的1/3）外，投资所有可持续发展目标部门的活动都急剧下降，其中较贫困地区的下降更为明显。

17.4 通过政策协调，酌情推动债务融资、债务减免和债务重组，以帮助发展中国家实现长期债务可持续性，处理重债穷国的外债问题以减轻其债务压力

疫情期间，向资源紧张的国家提供财政支持。一些疫情期间的困难国家需要债权人和捐助方在当前一些重要倡议的基础上，以债务重组、赠款和优惠融资等形式为其提供额外帮助。国际货币基金组织在这些倡议中发挥了核心作用——与世界银行联合呼吁暂停要求低收入国家偿还债务，呼吁改革国际债务架构，并以前所未有的速度向一些成员国提供了融资。二十国集团推出了暂缓低收入国家官方还本付息的倡议，在此基础上，私人债权人也应提供类似措施，以便低收入国家能够保持国际流动性，并将资源用于重点医疗卫生支出和救济措施。作为应对疫情的一部分，国际货币基金组织扩展了其贷款工具包，为政策框架完善、基本面较强的成员国提供可续签和可补充的信贷额度，通过其他贷款机制

提供新的融资，临时性提高紧急融资机制的可用额度，并提高其提供基于赠款的债务减免的能力。自疫情暴发以来，国际货币基金组织利用各种贷款机制，以空前的速度向约80个成员国提供了融资①。

17.5 采用和实施对最不发达国家的投资促进制度

疫情封锁使投资促进制度建设进一步放缓。联合国报告显示，截至2020年底，已签署和已通过与最不发达国家和发展中经济体的双边投资条约的国家和地区累计分别达到121个和183个。双边投资条约已生效和实施的国家和地区分别达到102个和173个。在20世纪90年代快速增长之后，最近几年新签署此类条约的国家和地区数目增速有所放缓。为了遏制新冠肺炎疫情、保护易感人群，大多数国家在2020年上半年实施了严格的封锁措施。与此同时，全球范围内的经济活动急剧衰退，对最不发达国家的投资促进制度建设进一步放缓。

17.11 大幅增加发展中国家的出口，尤其是到2020年使最不发达国家在全球出口中的比例翻番

疫情封锁使全球出口比例下降，目标更难以实现。联合国报告显示，2019年，最不发达国家出口在全球商品贸易中所占份额保持在1%不变，在全球劳务出口中所占份额为0.8%，发展中国家自2012年以来在世界商品出口中所占份额一直保持在45%左右，在全球劳务出口中所占份额达30.2%。到2020年将全球最不发达国家出口份额从2011年水平翻一番至2%的目标不太可能实现。2020年，疫情期间的封锁措施和居家隔离使贸易出口和劳务出口都被限制，全球2020年一季度国际贸易与上年同期相比萎缩了3.5%，因此目标国家全球出口比例增速下滑，实现可持续发展目标的时间会再度延后。

① 国际货币基金组织．世界经济展望：漫长而艰难的上升［R］．2020.

17.16　加强全球可持续发展伙伴关系，以多利益攸关方伙伴关系作为补充，调动和分享知识、专长、技术和财政资源，以支持所有国家，尤其是发展中国家实现可持续发展目标

疫情加剧了各国的财政危机，限制了各个国家自身及要支持国家在可持续发展目标方面的投资空间。联合国报告显示，多边和全球伙伴关系本已受到财政资源稀缺、贸易关系紧张、技术障碍和缺乏数据的困扰，疫情大流行对全球体系更是造成了前所未有的冲击。疫情大流行带来的财政影响正导致各国和各地区出现债务困扰，限制了各国在复苏（包括获得疫苗）、气候变化和可持续发展目标方面进行关键投资的财政和政策空间，这有可能拖长复苏期。

17.18　到 2020 年，加强向发展中国家，包括最不发达国家和小岛屿发展中国家提供的能力建设支持，大幅增加获得按收入、性别、年龄、种族、民族、迁徙情况、残疾情况、地理位置和各国国情有关的其他特征分类的高质量、及时和可靠的数据

国家统计计划实施因疫情延后，同时资金方面受疫情影响更加困难。2020 年，132 个国家和地区报称已实施国家统计计划，其中 84 个国家和地区的计划有充足资金支撑。46 个最不发达国家中只有 4 个（9%）报称已为国家统计计划准备了充足资金。由于人口普查和家庭调查等成本高昂的活动因疫情而改期，并推迟至 2021 年开展，各国和各地区在实施国家统计计划并为之筹措资金方面可能面临更多困难。

第二节　疫情对 2030 年可持续发展目标的影响的综合分析

本小节根据 Stockholm Resilience Centre 的分类，将 SDGs 分为社会、经济、环境、伙伴关系四个维度，就新冠肺炎疫情对 2030 年可持续发展目标的影响展开综合分析。其中，SDG1、SDG2、SDG3、SDG4、SDG5、SDG7、SDG11、SDG16 属于社会维度；SDG8、SDG9、SDG10、SDG12

属于经济维度；SDG6、SDG13、SDG14、SDG15 属于环境维度；SDG17 综合性较强，单独为一类，即伙伴关系。

整体来看，疫情的影响已经覆盖社会、经济、环境、伙伴关系各维度下的各个目标，并且在较大程度上不利于 2030 年可持续发展目标的如期实现。疫情不仅直接导致人类生存和社会发展面临威胁，全球经济下滑、失业率增加，弱势群体的不平等状况和国家间的经济差距进一步扩大，国际投资与贸易问题等遭受极大冲击，还增加了饮水和卫生设施的普及和获取、气候危机应对、海洋生态和生物多样性保护的难度。然而，这场巨大的疫情危机之下也蕴藏着潜在的转机和积极影响。一方面，疫情促使人类社会开始积极反思，为教育、公共卫生、城市规划、产业设施数字化等的发展变革带来了珍贵的契机，催动人们将关注点转向新的更可持续的发展领域。另一方面，相关的封锁政策客观上也为生态保护和恢复带来了一定的积极影响；疫情大流行还促使各国家加强相互援助，有利于构建团结合作的伙伴关系。

1. 从社会方面来看，新冠肺炎疫情作为一场公共卫生危机，已经威胁到人类的生存和社会的发展，同时也为新的发展变革带来了契机

在关于人类生存的目标方面，疫情破坏了在减少贫困、解决饥饿、改善健康福祉等重要领域人类付出的努力和取得的成绩，使得这些目标的进展停滞不前，甚至倒退；在关于社会发展的目标方面，疫情阻碍了在优质教育、性别平等、清洁能源、可持续城市和社区及和平、正义与强大机构等具有发展变革意义的领域全球前进的步伐，使得社会的发展面临更加艰巨的挑战。同时，疫情也暴露了社会发展方面的一些脆弱性，促使我们进行积极的反思，如积极发展信息通信设施和技术以推进教育改革，完善社区规划以改善公共卫生条件等，推动人类社会进一步发展。疫情对社会维度目标的影响具体分析见表 2－2。

表 2－2　社会维度目标所受影响

目标	所受影响
目标 1　无贫穷	**疫情导致极端贫困人口上升，阻碍消除一切形式贫困的目标实现，**主要表现为： （1）疫情导致失业和不充分就业大幅增加，对妇女和青年的生计产生影响。 （2）疫情令缺少社会保障措施覆盖的群体处境更加窘迫，穷人和弱势群体抵御灾害能力下降。 （3）疫情使执行减贫相关计划和政策受阻、支持消贫行动的投资减少。

（续）

目标	所受影响
目标2　零饥饿	**疫情威胁到粮食系统安全、儿童营养状况和可持续农业生产，不利于达成零饥饿目标**，主要表现为： （1）疫情使饥饿和粮食系统不安全性持续加剧。 （2）疫情使儿童的营养状况遭受威胁。 （3）疫情影响到农业相关投资，使农业生产能力受影响。
目标3　良好健康与福祉	**疫情造成重大的生命损失，影响基本健康服务，难以兑现到2030年实现全民健康保障的承诺**，主要表现为： （1）疫情扰乱全球疫苗接种工作，令新生儿、5岁以下儿童的健康遭受威胁。 （2）疫情导致其他传染病的患病和死亡率上升。 （3）疫情加剧了非传染性疾病患者的负担。
目标4　优质教育	**疫情导致教育不平等扩大、学习机会受限与教育质量降低，增加了包容和公平的优质教育目标的实现难度**，主要表现为： （1）疫情进一步拉大不同性别、不同地区初等教育学生的学习差距，加剧高等教育性别不平等，还使弱势群体与普通人之间的学习机会差距扩大。 （2）疫情使错失幼儿教育的人数增多，暴露职业教育脆弱性；疫情期间，因为一些学校缺乏足够的洗手设施导致学生返校后存在安全隐患。 （3）疫情使中小学生阅读能力大幅下滑，因教师缺乏远程教学培训，使学生远程学习的质量降低。
目标5　性别平等	疫情增加女性无偿照护和家务时间，加剧已有的性别不平等问题。
目标7　经济适用的清洁能源	**疫情导致收入、能源投资、国际合作减少，极大延缓了人们获得可负担、可靠和可持续的现代能源目标的实现进程**，主要表现在： （1）疫情造成收入的减少，使得人们支付能源服务的能力受到限制。 （2）疫情给经济带来的冲击，削弱了各个国家在能源领域的财政支持和投资能力，公共资金大幅转移到了医疗卫生、社会福利领域来应对燃眉之急。 （3）疫情使得能源领域的相关国际合作难以推进一些具有较强实质影响的活动。
目标11　可持续城市和社区	**疫情对贫民窟、其他受灾社区和公共交通系统构成严重冲击，影响到包容、安全、有抵御灾害能力和可持续的城市和人类住区建设，但也促使我们对城市进行积极的反思**，主要表现在： （1）疫情加剧了贫民窟居民在基础卫生保障设施和服务有限、公共空间拥挤等条件下的困境；使本已易受其他气候和自然灾害影响的社区和城市受到更严重的冲击。 （2）疫情使得城市公共交通中断，被迫削减服务。 （3）疫情促使越来越多的国家制定城市政策，更好地推进城市规划和防疫体系建设。

（续）

目标	所受影响
目标16　和平、正义与强大机构	**疫情使武装斗争地区面临更大的威胁，也凸显了和平、正义与强大机构的重要性，**主要表现在： （1）新冠肺炎疫情在全球大流行，加剧武装斗争持续地区的威胁，但也促使一些地区在联合国的号召下停战参与抗疫，缓解疫情在全球蔓延。 （2）疫情促使国际合作加强，各国协商应对举措，打击疫情背景下恐怖组织非法集资等犯罪行为。 （3）疫情凸显了平等和不歧视的重要性，为疫情结束后政府颁布和沿用非歧视性政策和法律奠定基础。

2. 从经济方面来看，新冠肺炎疫情造成全球经济下滑和失业增加，使弱势群体遭遇更多不平等，并使国家之间形成新的经济差距，但也催动人们将关注点转向新的更可持续的发展领域

对经济活动而言，疫情大幅削弱了全球消费和投资，对外贸易、航空运输、制造业、娱乐旅游、餐饮酒店等领域的经济活动受到了重创，大量人口面临失业，全球经济严重下滑。对弱势群体而言，因空间限制、医疗资源紧张、可支配收入减少、寻求社会支持受阻等遭遇更多的不平等。对国家而言，疫情导致欠发达国家财政状况进一步恶化，国际援助流量被压缩、疫苗分配的不平等使国家间形成新的经济差距。同时在应对疫情的过程中，产业数字化转型、弹性基础设施建设、远程办公等使人们越来越意识到转向可持续发展道路的重要性，为负责任生产和消费方式的建立提供了契机。疫情对经济维度目标的影响具体分析见表2－3。

表2－3　经济维度目标所受影响

目标	所受影响
目标8　体面工作和经济增长	**疫情导致的封锁和经济停滞大幅削弱了全球消费和投资，导致旅游业、中小微企业等运作艰难，特殊群体大量失业，不利于体面工作和经济增长目标的实现，但为经济增长和环境退化脱钩提供了契机，**主要表现为： （1）疫情导致旅游业危机、中小微企业正规化运作更加艰难，全球经济增长速度下滑严重。 （2）疫情为经济增长和环境退化脱钩提供了改革的契机。 （3）COVID－19导致大量失业，尤其是青年、女性、非正规工人受到更大影响，“无工无学无培训”的青年人数增加。

（续）

目标	所受影响
目标9　产业、创新和基础设施	**疫情导致相关产业低迷、企业经营困难，不利于推进包容性和可持续的工业化进程，但疫情也为推动建设具有适应力的基础设施提供了契机**，主要表现在： （1）疫情导致全球制造业、航空业等产业低迷，制造业方面受影响最大的行业包括精密仪器、机械、汽车和通信设备等行业；疫情给航空业造成严重财务损失，威胁到航空从业人员的生计。 （2）疫情使小规模工业企业贷款融资等受到影响，这些企业规模小、资源有限，出现经营困难。 （3）疫情促使相关传统产业企业通过引进生产设备、改革用工模式、提升管理效率等举措缓解疫情带来的不利影响，促进产业基础设施数字化转型升级。
目标10　减少不平等	**疫情加剧低收入国家与发达国家之间的不平等，使弱势群体遭遇更多不平等，减缓减少不平等目标的实现进程**，主要表现为： （1）疫情中断收入不平等持续好转的趋势。 （2）疫情使最弱势群体的权能遭遇更多不平等。 （3）疫苗分配方面巨大的不平等造成新的经济差距。
目标12　负责任的消费和生产	**疫情将会拉大各个国家推进可持续生产和消费的进展差距，大幅增加医疗和危险废物数量，但为转变消费和生产方式提供了契机**，主要表现为： （1）受疫情影响，推进可持续生产和消费进展的不平衡性将会继续增强。 （2）疫情为制定更环保的复苏计划、转变生产和消费方式提供了契机。如疫情促进旅游创新和创业生态系统建设，加快了可持续旅游业发展。 （3）疫情期间医疗和危险废物数量的增加，增大了它们对人类健康和环境的负面影响。

3. 从环境方面来看，新冠肺炎疫情在增加环境范畴各目标实现难度的同时，也客观上给生态保护和恢复带来积极影响

疫情在一定程度上给清洁饮水和卫生设施普及和获取、气候危机及其应对、海洋保护和海洋资源利用、生物多样性保护带来了破坏性影响，直接或间接地增加了环境范畴各目标的实现难度。然而，疫情导致的人类外出活动减少，在生态环境的保护和恢复方面客观上产生了积极的效果。如短期内温室气体总体排放量减少，野生动植物栖息地、海洋生态环境的恢复获得缓冲，与疫情传播媒介相关的野生动物问题受到广泛关注和讨论。疫情对环境维度目标的影响具体分析见表2－4。

表 2-4 环境维度目标所受影响

目标	所受影响
目标 6 清洁饮水和卫生设施	**疫情导致安全饮用水的获取、水域合作项目受阻，不利于为所有人提供清洁饮水和卫生设施**，主要表现为： （1）疫情导致获取安全饮用水的成本增加。 （2）疫情令所处环境卫生和个人卫生条件较差的弱势群体遭受更严重的影响。 （3）疫情令跨界水体合作相关项目和活动受阻。
目标 13 气候变化	**疫情影响到气候变化相关的政策所受关注和能力建设，不利于应对气候危机，但短期内减少了全球温室气体排放**，主要表现在： （1）疫情削弱了政策层面对气候变化议题的关注，且随着封锁政策的解除，温室气体排放量预计会上升。 （2）疫情导致应对气候变化相关的能力建设活动被迫延期或减少。 （3）疫情封锁限制了人类生产生活，总体温室气体排放短期内出现下降。
目标 14 水下生物	**疫情导致海洋面临医疗污染、个体渔民生计受冲击，但也为海洋生态恢复提供了契机**，主要表现在： （1）因疫情产生的医疗废弃物对海洋环境造成威胁。 （2）疫情导致海产品需求降低、运输和销售受限制，小规模个体渔民的生计遭受冲击。 （3）疫情危机客观上减少了涉海活动，为海洋恢复带来了机会。
目标 15 陆地生物	**疫情增加了生物多样性保护的成本和难度，但也减少了对陆地生态系统的干扰**，主要表现在： （1）疫情导致一些保护区收入减少、偷猎现象增加。 （2）疫情提醒着人类社会重新反思人与环境、其他生物的关联；疫情期间人类外出活动的减少也降低了对野生动植物生存环境的干扰和破坏，对生物多样性保护具有一定的积极作用。

4. 从伙伴关系方面来看，疫情导致国际投资、贸易等都受到极大影响，但疫情在全球的大流行促使各个国家相互援助，有利于加强伙伴关系

一方面，新冠肺炎疫情席卷全球，对筹资、贸易等都造成了极大的影响，例如用于发展中国家和最不发达国家的外国直接投资受到疫情的冲击大幅下降，投资促进计划进程进一步放缓，全球出口比例下降，相关的国家统计计划因疫情延后。另一方面，疫情期间为支持包容性全球复苏，官方发展援助、向资源紧张国家提供财政支持增加，不仅反映了全球团结一致抗疫的决心，也表明在全球公共卫生危机面前，需要全球共同参与。面向未来，应进一步加强伙伴关系合作，加快构建起人类命运共同体。疫情对伙伴关系目标的影响具体分析见表 2-5。

表 2-5 伙伴关系维度目标所受影响

目标	所受影响
目标 17 促进目标实现的伙伴关系	**疫情加剧了各个国家的财政危机，大幅压缩了在可持续发展目标方面的投资和消费空间，但各国之间相互援助有利于促进伙伴关系的建立和巩固，**主要表现在： （1）发展援助委员会成员在疫情下支持包容性全球复苏，促使官方发展援助增加。国际组织和相关国家向资源紧张的国家提供财政支持。 （2）用于发展中国家的外国直接投资及最不发达国家的出口受到疫情的冲击都大幅下降。 （3）疫情加剧了各国的财政危机，限制了各个国家自身及要支持的国家在可持续发展目标方面的投资空间。

第三章 | CHAPTER 3

应对疫情影响、促进 SDGs 目标实现的典型实践和经验

2020 年以来，新冠肺炎疫情在全球范围内流行，这场突发的公共卫生事件正在逐步演化为金融危机、经济危机乃至社会危机。疫情不仅让世界的今天遭受创伤，代表世界明天的联合国 2030 年可持续发展目标（SDGs）也面临严峻挑战①。在抗击疫情这场磅礴战役中，人们更加深刻地意识到可持续发展不应只是一句口号，而是需要各国人民团结起来，携手共进。SDGs 目标为我们指明了努力方向。在这场全球抗疫阻击战中，也涌现出许多值得学习、参考的典型案例，本部分将对国内外优秀实践经验进行归纳总结，以期为国际社会与疫情长期斗争提供经验借鉴。

第一节　国际应对疫情影响、促进 SDGs 目标实现的典型实践和经验

一、社会方面

本部分总结国际社会在疫情影响下为推动减少贫困、卫生服务、教育、能源利用、社区等关键议题采取的举措。

（一）为贫困或困难群体提供基本生活物资、现金转移、小额信贷等紧急帮助，保障其基本生活

为保障贫困人口的基本生活，印度为 8 300 万贫困家庭免费提供烹饪用煤气罐，为每个家庭免费提供 5 千克粮食和 1 千克豆类；每月向 2 亿妇女发放 500 卢比（6.6 美元）现金，向 3 000 万贫困老年人、寡妇和残疾

---

① 于志宏．疫情下 SDGs 面临的严峻挑战［J］．可持续发展经济导刊，2020，13（4）：3.

人提供 1 000 卢比（13.3 美元）现金转移，以确保印度 8 亿穷人不受疫情封锁及其导致的生计损失的影响[①]。阿根廷政府“紧急家庭收入”计划于 2020 年 4 月向大约 360 万个家庭一次性支付 10 000 比索/户（155 美元/户），增加对贫困家庭的现金转移。

欧盟为应对粮食供给的长期不确定性，形成了维护粮食安全的新思路，将粮食体系的韧性作为农业与粮食政策的核心聚焦点，将生物多样性视为农业与粮食体系长期稳定的基础，使合作治理成为农业与粮食体系治理的创新机制。为此，欧盟出台了“从农场到餐桌战略”和“2030 年生物多样性战略”，并致力于执行新的共同农业政策，以期通过公共部门的有效引导和利益相关者的集体合作，实现欧盟农业与粮食体系的可持续转型和长期安全。疫情期间，欧盟积极采取措施支持农业与粮食部门。措施之一就是向农民和农村地区直接提供信贷、现金支持和国家援助，例如欧盟国家为每个农民提供最高 5 000 欧元、为每个中小企业提供最高 50 000 欧元的现金支持。这些支持措施有力增强了疫情期间农民和中小型农业企业参与市场竞争的韧性。除此之外，欧盟还采取了建立高效的食品供应链（实施绿色通道、季节性劳工入境许可等措施）、直接向农业生产者和农村地区提供金融和资金支持、有效调控农产品市场、灵活执行共同农业政策等一系列措施，从根本上维护粮食安全[②]。

（二）全方位关注民生，提供良好的健康与福祉

提供良好的健康与福祉是一个非常宏伟的目标，此次疫情虽然是对该目标的致命打击，但同时也是一次应激预演，在巨大的危机中同样也孕育着希望。此次疫情是对全球各城市的一大挑战，不仅包含城市的公共卫生服务、社会保障方面，还有体现更深层次包容的人文关怀等方面。

1. 加快构建强大的公共卫生体系，统筹协调疫情防控，兼顾疫情防控与经济社会发展的多重目标

自新冠肺炎疫情蔓延以来，各国政府都采取了有力措施进行疫情防控，这些防疫措施的动态调整最大限度地兼顾了疫情防控与经济社会发展

① https://www.oecd.org/coronavirus/country-policy-tracker/# Healthandsocialcontext-OECDindicators。

② 余福海，彼得·韦恩斯．后疫情时代的欧盟粮食安全战略——改革趋向，体系架构与政策启示 [J]．世界农业，2020，500 (12)：32－40，130.

的多重目标。相比而言，日本、韩国、新加坡等东亚国家在疫情暴发后对疫情高度重视，采取有效措施使疫情得到控制。

日本政府依据《传染病法》《检疫法》及《新型病毒等对策特别措施法》，在内阁设立新冠病毒对策本部，制定应对措施，并按照现行公共卫生危机管理体制进行疫情防控。日本公共卫生危机管理体制分为三级政府两大系统。三级政府是指国家（厚生劳动省）、都道府县及市町村。两大系统是国家层次和地方层次的公共卫生危机管理系统。当国家突发公共卫生危机事件时，根据地方自治制度及《传染病法》的相关规定，国家、地方政府及国民必须履行相应的义务和责任①。日本通过完善的公共卫生危机管理体制，有效管控了疫情，保障了社会活动和经济活动正常进行。

新冠肺炎疫情暴发后，韩国成立了由总理担任本部长的中央灾难安全对策本部，在地方也设立对应机构，从而实现中央与地方的协调管理。在应急指挥决策上，韩国并未采取大多数国家的“封城”策略，而是根据国情特殊性，采取动态性疫情防控机制。拉网式检测加信息公开是韩国控制疫情的重要举措。韩国将患者根据病情程度分为轻、中、重、最重四级，轻症者进入生活治疗中心，严重者入院治疗，实际上是采用了“门户开放式大规模测试+隔离”的办法使疫情得到有效控制。在信息公开方面，韩国卫生官员每天做两次简报，完全公开、透明地分享关于新感染病例的最新信息，当附近出现感染病例或疑似病例，市民会收到信息提示警报，第一时间获知感染病例所在地点、感染时间和感染方式。

新加坡被世卫组织称为中国之外的抗疫“典范”。新加坡的疫情防控管理机构层级较少，职责分工明确，从而有效克服了多层级设置导致的管理效能递减、条块协同困难的弊端。完备的医疗分级和转诊制度也在应对疫情中起到了决定性作用。分层级的医疗系统，可以有效地将病患分流，预约高层级的综合医院专科门诊通常需要诊所医生的推荐信，从而避免了轻症患者占用大医院的医疗资源。除此之外，新加坡通过由近900家私人诊所构成的“公共卫生防范诊所”（PHPC），建立了双向信息反馈制度，

① 于文轩，田香兰，王生．新加坡、日本和韩国应对新冠肺炎疫情的策略及特点［EB/OL］．(2020-04-15)．https：//www.163.com/dy/article/FA83H4II0514AE01.html.

为精准治理提供了制度基础[①]。

2. 以应对疫情为契机，加强社会保障，增进民生福祉

社会保障作为国家治理体系的重要组成部分，在维护社会稳定，保障人民健康，解决人民医疗后顾之忧，促进就业，保障困难群体的生活以及促进经济发展方面发挥着重要的作用，是社会的稳定器和安全阀[②]。在疫情防控取得较好成效的国家中，政府重点关注弱势人群和重点群体，筑牢了稳定社会的防线。

2020年3月13日，欧盟委员会发布关于平台工作者工作条件的研究报告。报告概述了劳动用工形式增加对工作者个人带来的挑战。欧盟委员会提出助力工作保障的阶段性新举措——关于降低疫情紧急状态下失业风险的阶段性帮扶（SURE），这是一种专在欧盟成员国实施的失业保障机制，旨在为成员国中受到新冠肺炎疫情影响的职业和工作者提供保护。

疫情防控期间，国际劳工组织、国际社会保障协会、世界银行、联合国儿童基金会等国际组织均收集发布了社会保障动态。2020年1—4月发布了养老金改革详录，内容包含新冠肺炎疫情影响下世界各国免缴社保费有关情况回顾。新冠肺炎可能会为工作者带来长期损伤，包括工作能力的暂时或永久性衰退，可能无法胜任过去的工作。工伤保险认定普遍需提供医学证明，以确认员工在工作期间接触到新冠病毒而确诊为新冠肺炎且这种接触确实与工作有关。针对这一要求，许多国家采取更加灵活的处理方式以避免逐例分析认定，例如暂停提供医学证明或推出阶段性补助。《国际劳工标准及新冠肺炎常见问题》（2020年5月29日，2.1版）针对国际劳工标准和新冠肺炎最常见的问题进行汇编并作出回答，为世界各国政府和组织提供抗击疫情的国际标准和操作指导[③]。

3. 重视心理健康，提供人文关怀

疫情时期，封锁隔离和保持社交距离使得人们无法得到亲友的支持和

---

① 李宇环，向天怡，王红梅．重大疫情防控的应急体系建设：兼论国外实践的分析与启示[J]．中央财经大学学报，2020（9）：120-128.

② 马明清．社会保障在抗击疫情过程中的作用分析[J]．当代经济，2020（7）：10-12.

③ http：//www.ilo.org/wcmsp5/groups/public/…asia/…ro-bangkok/…ilo-beijing/documents/publication/wcms_749616.pdf。

帮助。孤独成为每个人都需要面对和克服的障碍。由此而生的一系列情感与心理问题，也是各国政府在抗击疫情的同时所需要考虑的问题。

在日本，公共卫生危机管理被称为“健康危机管理”，目前已成为日本公共危机管理体系的重要组成部分。日本地方政府公共卫生应急管理机制在宏观层面主要分为四大子机制，即应急指挥机制、法律应对机制、信息发布机制以及市民救助机制。其中，市民救助机制包含了针对特殊人群的人文关怀举措，这在疫情期间起到了至关重要的作用①，重点针对疑难杂症患者和精神病患者，老年人、残障人士及卧病在床人员，孕妇和儿童，受灾居民，创伤后应激障碍（PTSD）患者等提供特殊关怀。例如针对患有疑难杂症和精神病等慢性疾病的患者，以及需要居家医疗的病患（尤其是需要家用人工呼吸机的患者和居家接受透析医疗的患者），保健所等部门应利用在提供日常保健医疗服务过程中所掌握的患者信息，全面调查特殊患者的避难动向及其治疗持续状况，并根据需要与医师协会和医疗机构进行合作，以确保特殊患者获得所需医疗服务。面向孕妇和儿童的特殊关怀，尤其要协助本地政府掌握高风险孕妇和体重偏轻的新生儿的避难动向，并尽全力提供这些弱势群体所需的特殊医疗服务以及纸尿裤、奶粉、奶瓶等必需物品。

（三）更新和重塑教育生态，维护教育稳定，缩小教育鸿沟

联合国教科文组织表示，新冠肺炎疫情给全球带来了前所未有的危机，各国公立教育面临着自19世纪创建公立教育系统以来最大的转折。在当前新冠肺炎疫情全球蔓延的背景下，教育决策将对教育的未来产生深远的影响。

联合国教科文组织为应对新冠肺炎疫情期间及之后的教育发展，发布了《后疫情时期的世界教育：公共行动的九项主张》。该主张建议各国在秉持核心原则、立足现有优势的基础上更新和重塑教育，并呼吁加强全球团结，缩小全球教育鸿沟。内容包含：①强化教育作为公共利益的属性；②拓展受教育内涵，促进教育资源共享；③呼吁全社会尊重教师，加强教师协作；④保障儿童权利，并促进他们的教育参与；⑤在疫

① 俞祖成，林光志．日本地方公共卫生危机应急管理中的人文关怀［N］．社会科学报，2020-03-12（3）．

情导致的教育转折期，保障作为社交空间的学校发挥应有功能；⑥向师生提供免费、开放的教育资源和技术支持；⑦加强科学素养教育；⑧保障国内和国际的公共教育经费；⑨促进全球团结，缩小教育差距并最终消除不平等①。

美国制定相关法律，采取综合措施维护教育稳定。新冠肺炎疫情导致的学校停课影响了至少124 000所美国公立和私立学校，并影响了至少5 510万学生。根据美国国家教育统计中心的数据，美国至少有98 000所公立学校和至少34 000所私立学校。这些学校教育了近5 080万公立学校学生和580万私立学校学生。新冠肺炎疫情已然影响到全美绝大多数学校（93.9%）和绝大多数在校生（97.3%）。2020年3月27日，美国制定了《冠状病毒援助、救济和经济安全法》（The Coronavirus Aid，Relief，and Economic Security Act，CARES）。该法案对于新冠肺炎疫情影响下的教育提出了相应的规划，其中的援助措施包括307.5亿美元的教育稳定基金，确保疫情期间教育的稳定。**除此之外，疫情加速了线上教育的进展，重塑了教育生态圈**。美国多数学校本着“停课不停教不停学”“尽量将国际学生因疫情受到的影响降到最低”的原则，采取线上授课的方式，美国本土的信息企业也行动起来，积极介入学校远程教育和学生在家上学。全社会总动员，最大限度调动力量应对这场疫情。疫情还促使联邦教育部加快推进相应规则建议的制定。比如加快起草远程学习规则，规范远程学习。2020年4月1日，联邦教育部提出要加快起草面向高校在校生的“远程学习和创新规则”（Distance Learning and Innovation Regulation），用于指导疫情期间高等教育学生的远程学习。相对于中小学生而言，大学生更熟悉网络知识和技能，也是向在线学习和远程学习过渡的第一批人。该项规则旨在开发新的标准，用以适应当前的现实，促进新技术应用，促进高等教育创新，帮助学生获得弹性课程。**同时，面对疫情对教育事业带来的冲击，美国政府在保障教育公平、缩小教育鸿沟方面也付出了不懈努力**。联邦政府从教育拨款立法，到学生餐食提供，再到弱势群体照顾等方面出台了一系列措施。2020年4月9日，联邦教育部宣布，向高校拨款62.8亿美元的现金补助，以支付与因COVID-19暴发而中断学业相关的

① https：//new.qq.com/omn/20200731/20200731A0KC9W00.html。

费用，包括课程材料和技术以及食物、住房、家庭教育等方面费用。

（四）以疫情为契机，提供清洁适用的清洁能源

在全球蔓延的新冠肺炎疫情既是挑战，也是机遇。以公共健康危机为契机，国际社会大力推进以低能耗、低污染、低排放为基础的可持续发展模式，建设环境友好型社会，积极应对气候变化，达到人与自然的和谐相处。

国际能源署（IEA）指出，疫情造成的碳减排是暂时的，低经济增长并不等于低排放路径。新冠肺炎疫情带来的危机无法改变气候变化对全球治理的长期、复杂和不可逆的影响。为应对气候变暖而提出的低碳经济发展模式已经成为全球能源和经济大变革的突出标志，主要国家已开始使工业结构向符合节能减排和低碳经济方向发展。节能减排和绿色经济是未来国家培育竞争优势的基础。**国际能源署于 2020 年 6 月提出了一个绿色复苏计划**。该计划提议，为缓解经济萎靡现状，全球各国在 2021—2023 年，每年投入约 1 万亿美元于电力、交通、工业、建筑、燃料及新兴低碳技术等六个关键领域。电力领域重点放在碳排放相对较低的风电及光伏技术领域，同时注重核电及水电的现代化升级，电网建设方面重点是提高电网灵活性及可再生能源接入电网的比例；清洁交通方面重点放在电动汽车及高铁等领域；工业设施重点关注能效提升，电池、氢能、碳捕捉与封存技术，小型模块化核电等新兴技术，以及生物燃料工业。这样能使全球经济增长幅度每年上升约 1.1%，创造 900 万个工作岗位，使全球经济从新冠肺炎疫情中缓慢恢复，还能将全球与能源相关的温室气体排放量在当前基础上减少 45 亿吨二氧化碳当量，实现绿色复苏。

国际能源署的绿色复苏计划得到了多数国家的积极响应，全球主要经济体都纷纷投身“绿色复苏”。欧盟率先行动，于 2020 年 1 月提出“欧洲可持续投资计划”，旨在从 2020 年开始的十年内吸纳包括公共部门与私人领域在内的 1 万亿欧元，推动气候治理和可持续发展，并帮助各成员国摆脱化石能源依赖，实现能源转型。疫情发生后，资金保障在已有规划基础上进一步得到加强。德、法两国于 2020 年 5 月率先发起约 5 000 亿欧元的欧洲复苏计划，欧盟紧随其后宣布推出名为“欧盟下一代”（Next Generation EU）的一揽子复苏计划提案，要求在已有的 1.074 万亿欧元预算基础上，额外增加 7 500 亿欧元作为专项复苏资金，重点推动以绿色经济

为核心的转型升级目标实现，并于 7 月正式通过。这意味着欧盟约 1.8 万亿欧元的长期预算投资中，将有近四成资金用于努力应对气候变化的相关绿色产业。在 2020 年 9 月发布的《2030 年气候目标计划》草案中，欧盟正式提出目标，到 2030 年，欧洲温室气体减排幅度由之前制定的 40%上调至 55%[①]。

此外，2020 年 9 月初，法国和德国也分别发布了各自的经济激励计划，其中，法国 1 000 亿欧元的总盘子中有 300 亿欧元用于发展低碳能源，德国发布了第一笔绿色债券。

总体看，欧盟复苏基金中超过 30%直接用于绿色低碳发展和能源转型，在全球主要国家“激励绿色指数”排行榜中位居榜首[②]。

（五）以人为本，建设安全、包容、可持续的城市与社区

提供有针对性的社会保护，疫情防线“不留死角”。针对移民、难民、妇女和儿童，提供有针对性的社会保护。旧金山 COVID - 19 数据跟踪器显示，该市正在努力为居民提供临时替代住房，优先考虑弱势群体和一线工作者，共有 2 741 张病床在私人酒店客房以及其他类型的设施中提供，其中一半以上是针对无家可归者的；在伦敦，两家洲际酒店中约有 300 间客房被关闭改造成收容所收容无家可归的弱势人群，这些房间可以折扣价预订 12 周，为了避免受益人乘坐公共交通工具，市长团队与出租车司机一起工作，他们自愿在两个支持站之间提供运送人员服务；斯图加特（德国）创造了 300 多个住宿和护理场所作为预防措施，租用的大楼分布在几个城区，首批用户为难民和移民；8 000～10 000 名外国农业工人居住在葡萄牙城市奥德米拉，市长制定了一项检疫预防计划，其中考虑到需要防止疫情在这一人群中传播，为他们提供公共基础设施和卫生服务，能够养活多达 500 名从事农业工作的移民[③]。

提供住房保障，让每个人都有安身之处。法国扶贫政策的重点更多地放在住房和紧急收容中心方面。2020 年，总理让·卡斯泰与住房部部长艾曼妞·瓦贡共同宣布，将为无家可归的女性提供 1 500 个收容席位和社

---

① 李北陵. 后疫情时期“绿色复苏”已成全球发展趋势 [J]. 中国石化，2020，421 (10)：72.

② 朱松丽. “后疫情”时期的全球气候治理 [J]. 气候变化研究进展，2020，16 (6)：758 - 762.

③ https://thedocs.worldbank.org/en/doc/22410b53d281d27cf2407cb4351ff3be-0200022021/original/21Apr5-Response-to-COVID-in-Slums-and-cities.pdf。

会援助名额，以免她们睡在医院或流落街头。这项备受期待的措施受到埃马乌斯团结协会和皮埃尔神甫基金会的欢迎。此外，在新冠肺炎疫情背景下，通常从 11 月 1 日开始的“冬季计划”被提前到 10 月 18 日。根据埃马乌斯团结协会主席布鲁诺·莫雷尔的说法，巴黎无家可归者面临的形势紧急，每晚有大约 3 000 人拨打“115”紧急援助热线，超过 150 人睡在万森森林。但“冬季计划”与“冬歇期”不同，前者旨在为无家可归者提供栖身之所，后者是暂停驱逐欠租房客。在住房方面，让·卡斯泰宣布放宽 2020 年 6 月在“住房行动”计划内制定的租金补助标准。按照原计划，这项每月 150 欧元旨在帮助缴纳房租的补助，援助对象为住房预算占收入 40%以上的失业者，受益期为 2 个月；现在调整为住房预算占收入的 1/3 以上，受益期延长到 6 个月。

尽管社会方面的 SDGs 目标实现受疫情影响较大，部分目标甚至已经出现停滞甚至倒退现象（目标 1、目标 2），但依然有许多国家在朝着原定方向努力（目标 3），一方面这些是应对疫情的必要举措，另一方面也体现了各国为推进全球可持续发展的不懈努力。尽管疫情对 SDGs 目标带来一系列负面影响，但对于某些目标的实现，可能也会隐藏着些许变革的机会。比如对于目标 4，疫情期间进一步催化了线上教育的发展，一定程度上促进了技术创新和教育形式的创兴；对于目标 7，也蕴含着面向能源结构变革的发展机遇。这些措施在灾后重建中发挥了异常积极的作用，也为其他国家提供了相应的借鉴和范例。疫情也促使我们对城市、社区进行思考，通过加强应急管理、基础设施建设、提供社会保障等一系列举措有利于目标 11 的实现。

二、经济方面

2020 年初以来，新冠肺炎疫情在全球肆虐，对世界经济产生严重冲击。本部分将介绍面对疫情对经济的冲击，各国都采取了哪些举措应对风险，保障目标推进。

在经济复苏的背景下，“重建更美好的家园”（Building Back Better）一词越来越多地被广泛使用，各国相继出台了力度空前的宏观经济政策（表 3-1）。通过扩大财政支持，减免缓征税费，增加政府补贴，来保障医疗卫生系统，保障民生，保障企业生产；通过紧急降息，扩大资产购买规模，实施量化宽松政策，来降低企业融资成本，增加流动性供给，保障金融市场稳定。

表 3-1　全球各国及地区为应对新冠肺炎疫情影响采取的政策行动

国家及地区	政策类型	具体内容
加拿大	财政政策	推出 1 930 亿加元的财政刺激措施
	货币政策	减息 150 基点至 0.25 厘
美国	财政政策	推出约 2.2 万亿美元的紧急经济援助计划
	货币政策	减息至 0～0.25 厘；无限量宽
欧盟	财政政策	欧盟领袖支持推出万亿欧元救助措施
	货币政策	欧洲央行推出额外 7 500 亿欧元紧急买债计划
英国	财政政策	推出 3 300 亿英镑舒缓措施
	货币政策	减息至 0.1 厘及扩大买债规模
印度	货币政策	印度央行减回购利率 75 基点及逆回购利率 115 基点
韩国	财政政策	推出 2 000 亿美元紧急援助计划
	货币政策	减利率至 0.75 厘
日本	财政政策	将推出约 1.1 万亿美元刺激经济方案
	货币政策	央行扩大资产购买规模
中国	财政政策	已推出约 3 万亿元人民币财政刺激措施
	货币政策	中国人民银行放宽货币政策，宣布定向降准
其他	财政政策	澳大利亚、新西兰、新加坡、印度尼西亚及泰国推出财政刺激措施
	货币政策	巴西、俄罗斯、印度尼西亚、菲律宾、澳大利亚及新西兰均相继减息

资料来源：https：//www. assetmanagement. hsbc. com. tw/zh-tw/institutional-investor/investor-resources/investment-academy/policy-actions。

注：2020 年以来（截至 2020 年 4 月 22 日），七国集团央行合共减息逾 300 基点，环球各地政府至今推出逾 5 万亿美元规模的刺激经济措施。

（一）保障就业，积极寻求疫情防控与提振经济的平衡

提供财政支持，“输血”小微企业共渡难关。在企业融资方面：美国 2 万亿美元法案提出，向财政部外汇稳定基金注资 4 540 亿美元，用作资本金支持美联储扩大资产购买计划。德国财政部追加补充预算，用于启动不设上限的德国复兴信贷银行特殊贷款项目。日本政府为受疫情影响严重的中小企业提供免息贷款，贷款资金由政府全资拥有的日本财务公司及其他愿意加入计划的金融机构和企业财团共同支持，政府承担大部分

利息费用[①]。**在提供政府贷款担保方面：**美国小企业管理局可向小企业提供总额为 6 590 亿美元的贷款担保。英国政府向中小企业提供 3 300 亿英镑的紧急贷款担保。德国政府向企业提供 4 000 亿欧元贷款担保。法国政府为企业贷款提供 3 000 亿欧元的国家担保。瑞士政府表示，企业因资金困难申请贷款后，银行可在半小时内提供最高 50 万瑞士法郎贷款，并由政府提供担保。**在调整投资方向方面：**美国 2020 年 3 月 27 日出台的 2.2 万亿美元财政刺激计划中，有 600 亿美元用于支持航空公司和货运航空，250 亿美元用于公共交通。日本在疫情暴发后对原"生产性革命推进事业"设立了补助的"特别框架"，放宽贷款申请条件，提高补助率和补助上限，对为克服新冠肺炎疫情对事业的影响积极投资而申请贷款的企业可优先批准；设立"供应链对策国内投资促进事业"补助，为了降低对于特定国家的产品、零部件的依赖度而将生产基地迁回本国以及在国内建设有关国民健康生活重要产品生产基地所需的设备和投资国家给予补贴，大企业补助 1/2，中小企业补贴 2/3；为支持当地中小企业开发产品、提升服务的地区支援机构和民间支援组织，补助 2/3，补助上限为 2 000 万日元[②]。

鼓励企业复工复产，恢复市场交易机制。企业是经济的基本细胞，在保障医疗资源财政投入的前提下，维持企业存续是目前应对疫情短期影响的关键。各国主要通过提供资金支持、加大税收优惠（延迟收取、减少或取消部分税收）力度和推进政府采购等措施来鼓励企业尽快复工复产、保障企业生产活动正常运行。国际劳工组织（ILO）表示，新冠肺炎疫情让全球 81%的就业人口受到全部或部分工作场所关闭的影响。面对这一突变，各国政府纷纷出台新政策来抑制失业率攀升，保障国民就业。**推出职业技能考核认证：**西班牙政府推出新政策：在工作中有相应经验和技能的劳动者，通过政府推出的职业技能考核认证后，就可以继续在相关领域工作。这项新政策的推出为很多人打了一剂强心针，使其不再担忧失业的问题。**调整雇佣补贴制度：**日本受到新冠肺炎疫情的影响也很严重，很多人面临失业的风险。为了更好地支持中小企业稳定发展，日本政府多次调整

① 王宇，张铁龙．应对疫情冲击：全球宏观经济政策调整及启示 [J]. 开发性金融研究，2020，30 (2)：55-61.

② 陈赟．世界各国抗疫财政刺激政策的内容及影响 [J]. 税收征纳，2020 (11)：4.

雇佣补贴制度，持续放宽这一制度，并且对于受到疫情影响仍然坚持不裁员的公司给予很多补贴。日本政府对于能创造新就业岗位的企业也给予了一定的帮助。日本政府的这些举措可以在一定程度上降低失业率，保证更多就业岗位存在。**鼓励灵活就业：**马来西亚政府则是提倡发展零工经济，鼓励灵活就业。零工主要是指持续时间不确定的工作，包括自由职业、兼职等。雇佣零工的方式可以使企业组织更加灵活，还能更好地应变各种突发状况。**提供补贴和贷款：**为了降低疫情对国内企业及民众的影响，德国政府为全国企业、普通劳动者提供了大量补贴和贷款。疫情期间企业可向政府申请“短时工作制”补贴：①由政府支付待岗员工工资的 60%，以避免裁员；②中小企业可享受财政部拿出的 500 亿欧元补贴；③对于大中型企业，政府将提供总额 4 000 亿欧元的贷款担保；④对于临破产企业，政府准备了 1 000 亿欧元特别贷款额度①。

出台“经济复苏法案”，增加市场流动性。新冠肺炎疫情下，各国相继出台“经济复苏法案”，对为抗击疫情带来的经济冲击所实施的一揽子计划提供了重要的资金保障和政策支持。在降低银行存贷款利率和准备金方面，2020 年 3 月以来，为应对新冠肺炎疫情，美联储紧急大幅降息至近零利率，并且加大资产购买力度，提出“无上限”量化宽松政策（QE)。2020 年 3 月，美联储将联邦基金率下调 150 基点至 0～0.25 基点区间；根据需要购买国债和机构债券；扩大隔夜和定期回购；降低贴现窗口贷款的成本；降低与其他主要央行的互换额度的现有成本，并延长外汇操作的期限；为外国和国际货币当局提供临时回购便利。此外，美联储还首次启用商业票据融资工具（CPFF)、一级交易商信贷机制（PDCF）以及货币市场共同基金流动性工具（MMLF)，以增强市场流动性以及向企业和家庭提供更广泛的信贷供应。联邦银行监管机构鼓励存款机构利用其资本和流动性缓冲放贷，与受新冠肺炎疫情影响的借款人进行建设性合作，并表示与新冠肺炎疫情相关的贷款修改不会被归类为问题债务而被重组。

其他世界主要发达经济体受美联储的货币政策影响，也纷纷执行量化

① 雷云．面对新冠肺炎疫情，各国都采取了哪些措施保障就业呢？[EB/OL]．(2020)．https：//baijiahao.baidu.com/s? id=1676072141973031828&wfr=spider&for=pc.

宽松的货币政策，如德国将利率从 0.25%下调至零，英国将银行利率降低 65 基点至 0.1%，达到 30 年来的新低，欧洲央行将长期融资利率和短期融资利率分别降至 0.5%和 0.25%，而日本则将短期利率维持在负 0.1%的水平。

国际货币基金组织研究表明①，新兴市场各央行实施量化宽松的动机存在差异，主要政策目标可以分为三类：第一类，政策利率远高于零的央行一般将资产购买作为改善债券市场运转的工具（印度、南非、菲律宾）；第二类，政策利率接近“零下限”的央行在一定程度上寻求类似于发达经济体的做法，通过量化宽松放宽融资环境，提供额外的货币刺激，同时实现维持市场运转和流动性的目标（智利、波兰、匈牙利）；第三类，部分央行明确指出，其政策目标之一是在疫情背景下暂时减轻政府的融资压力（加纳、危地马拉、印度尼西亚和菲律宾）。各国央行的政策行动与资产购买见图 3-2 和图 3-3。

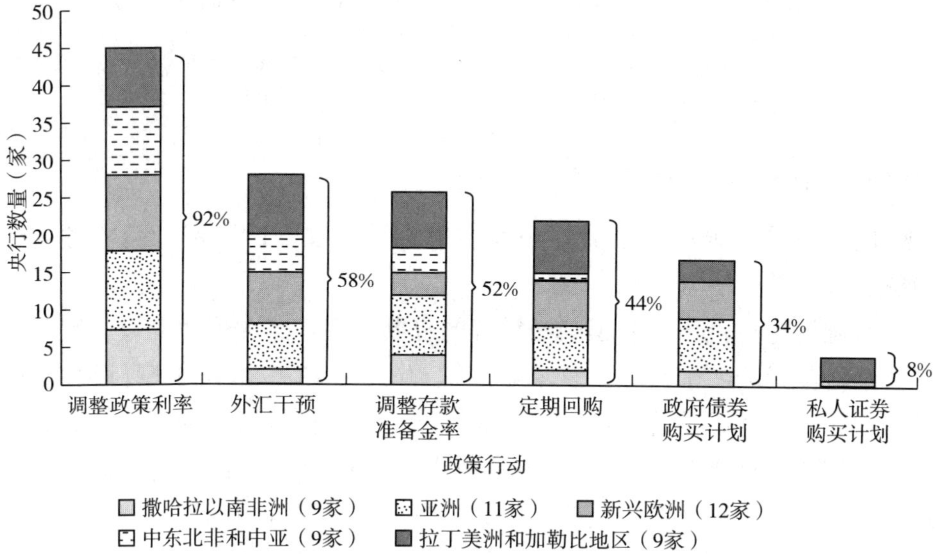

图 3-2　各国央行的政策行动

资料来源：国际货币基金组织（IMF）央行干预行动数据库以及 IMF 工作人员计算。

① https：//www.imf.org/zh/News/Articles/2020/10/23/blog-emerging-and-frontier-markets-policy-tools-in-times-of-financial-stress。

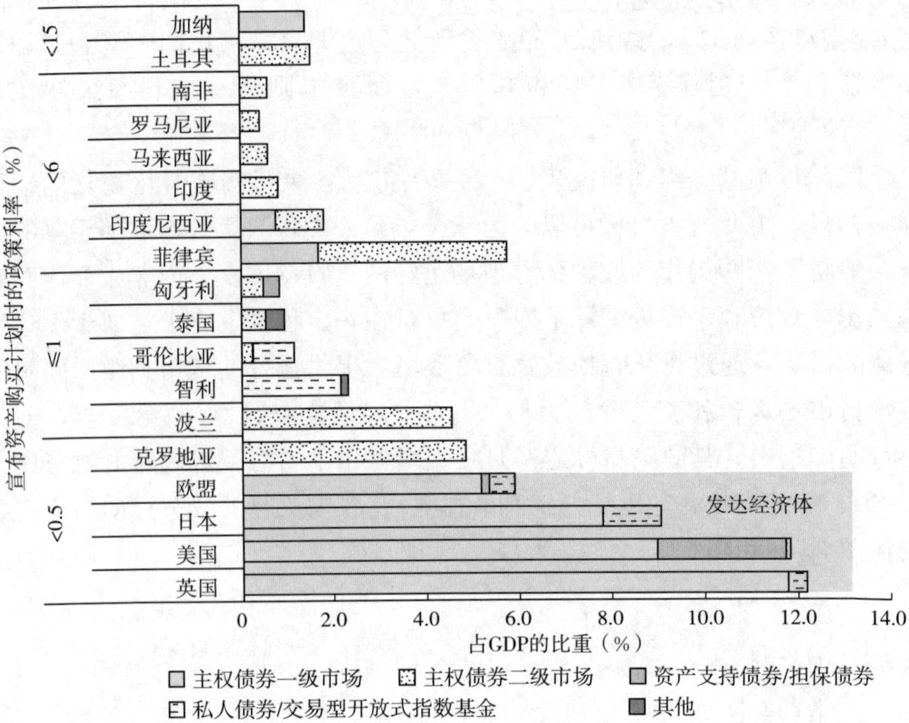

图 3-3　各国央行的资产购买

资料来源：国别来源以及 IMF 工作人员计算。

（二）发展优质基础设施，推动数字经济发展，促进具有包容性的可持续工业化①

基础设施建设仍是各国刺激经济的重要抓手。印度尼西亚政府制定了约 430 亿美元的“国家经济复苏计划”，并提出将在 2021 年拨付约 38 亿美元用以支持基础设施建设、旅游业和制造业等；肯尼亚提出约 5 亿美元的“经济刺激计划”，用于增加本国就业，促进教育、旅游业基础设施升级等。此外，马来西亚、厄瓜多尔、坦桑尼亚、尼日利亚等国也纷纷通过扩大赤字规模、调整税收优惠、增加基础设施建设等公共支出的方式刺激本国经济发展。综合来看，在未来逐步重启经济的条件下，基础设施投资建设仍将成为各国刺激经济的首选。

① 战姿．新冠肺炎疫情背景下的国际基础设施发展趋势［J］．国际工程与劳务，2020，434(9)：45-48.

医疗、信息、新能源将成为后疫情时代国际基建合作新的增长点。新冠肺炎疫情暴发以来，国际社会对改善医疗卫生基础设施条件关注度大幅提升，阿联酋、缅甸、南非、阿尔及利亚等国已着手推动社区医院、乡村医疗等项目建设。未来，最不发达国家和部分发展中国家有望最先从国际援助中获益，医疗基础设施建设有望在短期内出现快速增长。

疫情倒逼数字化转型加速。新冠肺炎疫情给传统的生产生活方式、消费习惯、商业模式带来了巨大的冲击，但也提升了社会各界对数字化的关注度和认识，全球产业格局面临深刻调整，很大程度上助推了产业数字化、智能化转型的进程。联合国贸易与发展会议在日内瓦发布研究报告《新冠肺炎：强调弥合数字鸿沟的必要性》。报告指出，新冠肺炎疫情大流行带来的全球危机进一步推进了数字经济发展，并将在全球经济复苏后产生持久影响。在疫情背景下，很多经济体都出台了推动数字经济转型的新举措，涵盖数字基础设施建设、数字产业化发展、产业数字化转型、数字化治理以及国际数字合作等多个方面。在数字基础设施建设方面，5G 建设成为新亮点。在数字产业化发展方面，信息技术支撑服务疫情防控和经济复苏的作用凸显，对大数据产业和物联网产业的支持力度加大，人工智能发展也驶入快车道。2020 年 8 月 26 日，美国白宫、国家科学基金会（NSF）和能源部（DOE）共同宣布，将在 5 年内投资超过 10 亿美元在全国范围内设立 12 个新的人工智能和量子信息科学研究中心，其中包括 7 个 AI 研究中心和 5 个量子信息科学研究中心①。2020 年 10 月，韩国政府发布《人工智能半导体产业发展战略》等。在产业数字化转型方面，数字经济与实体经济深度融合发展，数字农业、数字文化产业、“互联网＋医疗健康”、“互联网＋旅游”等蓬勃发展。在数字化治理方面，数字化公共安全联防联控、数字政务规范化管理、城市设施智能化升级、数字市场竞争等稳步推进。在国际数字合作方面，一些涵盖数字经济合作的区域和国际经贸合作取得新的进展。2020 年 4 月，二十国集团数字经济部长特别会议就运用数字技术加快新冠肺炎病毒相关研究、增强商业活动灵活性和创造就业机会等达成共识；6 月，新加坡、新西兰和智利签署数字经济伙伴关系协议；6 月，韩国与新加坡宣布启动数字伙伴关系协定（KSDPA）；

---

① http：//yl. oneroadedu. com/source/article _ show. php? id＝3227。

8月，新加坡与澳大利亚签署数字经济协定；11月，中国、东盟、日本、韩国、澳大利亚签署包括电信服务、电子商务等内容的《区域全面经济伙伴关系协定》(RCEP)[①]。

（三）关注弱势群体，减少不平等，促进社会公平正义

救助儿童和家庭： 儿童和家庭是各国救助帮扶的首要对象。德国针对疫情期间因失业、部分失业而出现收入困难的家庭重新设计了儿童补贴政策，以满足他们在疫情期间的新需求；对于疫情期间因学校和托幼机构关闭，家长被迫在家看护残障儿童、无法外出工作的家庭给予补助；为符合一定条件的低收入家庭提供住房补贴、供暖补贴等补助，减轻其经济压力。法国在疫情最严重的时期为400万低保家庭每月增发150欧元/户的补助，有孩家庭在此基础上每孩增发100欧元，并为近2万人提供紧急住宿，为6.4万无家可归者提供生活必需品，为符合一定条件的贫困青年发放每月200欧元的补助，为符合条件的人群提前支付家庭津贴等社会福利，允许困难家庭缓缴房租和煤气、水电费。北欧国家也在原有福利制度的基础上，通过额外出台儿童津贴等方式来帮助低收入家庭，提高其抗风险能力。冰岛政府在2020年6月向有18岁以下儿童的所有家庭一次性发放儿童津贴，对低收入家庭和儿童提供相应的津贴，提高求职者的子女抚养津贴。瑞典政府2020年12月出台包括临时育儿津贴和停课看护补贴等在内的一系列有针对性的临时补贴，对有孩家庭予以支持。在妇女、儿童的社会保护方面，一些国家政府发起了系列运动，宣传警方的家庭暴力热线。美国的MyPlan、加拿大的iCan和荷兰的SAFE等平台持续扩大规模，在互联网普及率较低的地区，鼓励选择虚拟和非正式的支持网络，这有助于让妇女和儿童感到相互联系和支持，并提醒犯罪者，妇女和儿童并不是孤立的[②]。**救助老年人、残疾人和失业者：** 老年人是新冠肺炎疫情中的高危人群，感染率和死亡率均远超平均水平，特别是养老院和老年公寓等老年人聚集的场所，更是疫情高发地区。针对老年人、残疾人、失业者的救助也成为欧洲各国的重点。德国给老年人、残疾人等暂时或永久性失去收入的人群提供了更多更便捷的生存保障。法国计划将助听器、假肢和

① https://m.thepaper.cn/baijiahao_13160200。

② https://thedocs.worldbank.org/en/doc/22410b53d281d27cf2407cb4351ff3be-0200022021/original/21Apr5-Response-to-COVID-in-Slums-and-cities.pdf。

牙科治疗等此前老年人需求量大但不列入医保的自费项目列入医保，由国家全额报销，并提高对低收入老年群体的补助金额。瑞典政府决定投入 3 000 万瑞典克朗用于发展智慧养老和数字护理，以减少老人到医院就诊的次数，降低新冠肺炎疫情的传播风险。各国还纷纷通过延长失业救济金领取时间、提高失业救济金额等方式给予失业者基本的生活保障，如法国暂停了此前以“收紧”领取资格为主的失业保险改革，延长了失业保险的领取时间[①]。

对不发达国家提供人道主义援助。世卫组织总干事谭德塞指出，人类应对疫情的能力与成败，最终取决于世界上最薄弱的医疗体系。2020 年 3 月 25 日，联合国启动总额 20 亿美元的《2019 冠状病毒病全球人道主义应急计划》，用于在南美洲、非洲、中东地区和亚洲开展疫情防控工作。该应急计划由联合国人道主义事务协调厅协调统筹，包括世卫组织、粮农组织、国际移民组织、开发署、人口基金、人居署、难民署、儿基会以及粮食署等多家联合国机构、非政府组织合作伙伴共同参与。其推出的举措及欲实现的目标包括：提供必要的实验室检测设备以及医疗救治物资；在难民营和安置点建设洗手站；开展有关如何保护自己和他人免遭感染的公共信息宣传活动；在非洲、亚洲和拉丁美洲之间建立空中桥梁，保障人道主义工作者和救援物资顺畅运转。2020 年 3 月，在联合国基金会瑞士慈善基金会的支持下，世卫组织总干事谭德塞宣布成立“世卫组织 COVID－19 团结应对基金”。这是非传统捐助者直接向世卫组织的全球抗疫工作提供捐助的最主要机制，以帮助所有国家尤其是最脆弱和卫生系统最薄弱的风险国家能够防范和应对 COVID－19 危机，如快速发现病例、切断病毒传播和照护受影响的人[②]。

（四）转变生产和消费方式，促进可持续经济的复苏

1. 负责任的消费

环境、社会和公司治理（ESG）意识带动消费者需求：YouGov 的一项调查发现，42％的人表示新冠肺炎疫情改变了他们对食物的看法，1/3 的人更频繁地自己做饭并减少了食物浪费，同时更多人加入了当地的

① 彭姝祎．新冠肺炎疫情下的欧洲社会保护措施［J］．中国社会保障，2021（4）：40－41.

② 张贵洪，余姣．新冠肺炎疫情，人道主义与全球卫生治理［J］．理论月刊（12）：12.

“蔬菜盒”倡议。这对企业产生了切实的影响。在英国，蔬菜盒公司Abel&Cole因销售额激增了25%而不得不停止接受新订单，而自称是美国第一家也是唯一一家获得认证的全国性有机食品杂货店WholeFoods，由于需求激增而不得不限制在线客户的数量。

在线消费不断增长：封锁措施和新的社交距离迫使人们前所未有地依赖科技。实体产品和服务已转变为虚拟产品和服务（例如，线上健身跟练代替了去健身房锻炼，电子书代替了纸质书籍），从而推动共享和使用经济的增长，促进循环经济这一可持续发展模式。欧洲委员会于2020年3月发布了《循环经济行动计划》并报告称，这是欧盟阻止生物多样性丧失以及在2050年前实现碳中和目标的“先决条件”[①]。

2. 负责任的生产[②]

可持续材料的应用：不少企业纷纷践行可持续发展理念，减少自己的产品对环境的危害以及宣传绿色环保概念。2020年度，时尚行业也在可持续发展领域不断加码。疫情期间，Gucci古驰推出首个可持续产品系列，包括多款中性风格轻旅行概念单品，如旅行箱、配饰、鞋履及成衣单品。全部产品以尼龙废料与再生尼龙为主要面料，还采用了无金属鞣革、循环涤纶纱线和衬料、循环黄铜等循环材料。整个系列都依据可持续生产标准，选用循环再生、有机与生物基材料，减少对环境的破坏。

投资再生回收技术：使用可持续的再生材料是从源头上减少碳排放和保护环境，提升废弃物的二次利用效率则是在供应链末端降低环境污染物的产出。2020年6月，欧洲时尚科技初创公司Worn Again Technologies获得了800万欧元的融资，主要投资人为瑞典快时尚集团H&M和瑞士生产商Sulzer。该公司的聚合物再循环技术致力于从可重复利用产品中回收原材料，重新转化为可使用的原材料，借此提高废弃物的再利用率，减少对全新原材料的需求。

3. 政府支持是实现可持续的关键

世界各地的企业和政治领导人都在大力推动“重建得更好”和“绿色复苏”倡议。在英国，消费品、金融服务、交通运输和其他行业的200多

---

① https://mp.weixin.qq.com/s/21oW_NIHhgJWvOdC70Bgjg。

② https://baijiahao.baidu.com/s?id=1672356918054929512&wfr=spider&for=pc。

家公司已开始向政府施压，要求政府启动“绿色复苏”倡议。在德国，政府公布了一项 1 300 亿欧元的刺激性支出计划，其中与气候相关的支出占 400 亿欧元，旨在促进电动汽车销售、氢基础设施建设和能源效率提高。

在疫情中重建经济、刺激经济复苏似乎是各国更为惯用的手段，这些经济措施似乎都是为了应对可能发生的更为严重的经济危机，让国家能够更为迅速地从灾难中复苏。各国不约而同出台的补助措施也从侧面挽救了因为疫情而摇摇欲坠的可持续发展目标，使其不至于堕入泥淖，这些措施对于目标 8、目标 9 都有一定的促进作用。同时，疫情也再次给人们敲响警钟——如何与自然平衡相处、共建地球绿色未来，成为人们必须面对的重要命题，随着人们环保意识的提升，可持续生产和消费逐渐成为大家的共识，有助于目标 12 的实现。

三、环境方面

全球变暖是世界性挑战之一，疫情在环境方面的影响是一把“双刃剑”。从一方面讲，疫情导致全球化石燃料使用量大幅降低，受益于居家隔离、户外活动的大量减少、工厂关门等因素，各国化石燃料使用与碳排放得到有效控制，这对于全球变暖与气候是一大利好；从另一方面讲，疫情又催生大量医疗废物垃圾，这对全球各国来讲都是一大棘手问题，由于短时间内所产生的大量医疗垃圾无从处理，大量焚烧必然对环境造成伤害。不少国家更多出于控制病原体传播风险的目的对医疗废物进行有序处理，连带也有利于全球环境的好转，而这一举措大部分来自发达国家，在贫穷国家甚至中等发达国家难以实现。与环境相关的 4 个 SDGs 目标涵盖水资源、环境卫生、气候变化、生物多样性等关键议题，各国在支持经济复苏的同时，综合考虑经济发展与环境保护的平衡一致问题，主动出台多项政策，以规范医疗废物处置机制、推动经济发展全面绿色转型、发展绿色金融等多方面为抓手，积极应对全球变暖、气候变化、生物多样性锐减等突出环境问题，致力于构建一个更健康、更公平、更绿色的世界。各国主要从以下几方面采取措施：

（一）保障清洁饮水，加强卫生管理，共建绿色地球家园

保障饮水及基本卫生设施，发动民间智慧，搭建“安全网”。疫情对环境卫生和个人卫生条件相对落后的非洲国家造成了更加严重的影响，为

了保障基本的饮水和卫生，在面临资源短缺挑战的情况下，非洲国家为共同目标团结一致，为应对疫情采取了一系列举措，得到广泛赞誉。乌干达设计了无须用手打开的自动开关装置来避免公共场合的洗手桶交叉传染，同时还节省了用水量；纳米比亚社区为无水无电的贫民窟发明了脚踏式洗手器并推广到更多非正式定居点；肯尼亚和摩洛哥设计了符合社交距离法律的安全、开放的市场（每两个商贩之间间距1.5米，同时在市场出入口准备洗手设施等），摩洛哥还特别重点针对非正式就业者和中小业主开放安全的露天市场[①]。除了自身努力，国际组织也伸出了援手，联合国通过与国家和地方卫生当局密切合作，确保水和卫生服务的连续性和质量，其中包括为依赖供应商、市场和社区水源的家庭提供中介解决方案，以确保所有易受供水中断影响并可能需要定量供应罐装水和瓶装水的家庭都有一张供水“安全网”[②]。

完善医疗废物处置机制，在源头实现医疗废物减量。为最大限度地控制病原体传播风险，全世界各国积极完善医疗废物处理机制，严格实行医疗废物分类处理制度，从医疗废物的回收、搬运和处置及相关培训全方面入手，在源头实现医疗废物减量。德国、日本等国出台法规明确提出“产生医疗废物的场所对感染性废物的处理负有全部责任”，要求感染性医疗废物的处置尽可能在产生机构内部完成。新加坡国家环境局（NEA）颁布了《非医疗商业场所接触COVID-19确诊病例（2019冠状病毒病）区域环境清洁和消毒暂行指南》，提出了针对性的建议。韩国于2020年1月28日制定了《新型冠状病毒医疗废物管理的特别对策》，并于2020年2月23日将疫情预警提升至最高的“严重”级别，同时制定了《新型冠状病毒医疗废物管理的特别对策》（第二版），补充了加强废物安全管理的具体措施等内容。不论采取何种处置模式，各国均将废弃物管理的责任落实到每一个具有危害可能性的主体或环节中[③]。总结各国经验可以发现，产生医疗废物的机构或其委托的第三方是处置工作的统筹执行者，政府主要

① 刘海方．新冠肺炎全球大流行下非洲的抗疫和中非合作［J］．国际政治研究，2020（3）：73-83.

② https：//www.un.org/sites/un2.un.org/files/un_framework_report_on_covid-19.pdf。

③ 常杪，唐艳冬，杨亮，等．国际医疗废物管理与处理处置体系分析与借鉴［J］．环境保护，2020，48（8）：63-69.

承担监管职责。此外，很多国家还要求医疗机构内部建立专门的医疗废物管理负责团队，由接受过专业培训的人员实行内部管控。

（二）转变经济发展模式，应对气候变化突出问题

加速全球气候立法。疫情使得全球大部分的居民隔离在家、工厂休业，从而大量减少了碳排放，对于短时间来说有一定的遏制全球气候变暖的作用，但对于长期来说，隔离政策的取消会让气候变化重新成为一个担忧点，甚至会出现“报复性”的反弹。为遏制全球气候变暖，温室气体排放量占全球温室气体排放总量 92％的 195 个国家已签署了《巴黎协定》（联合国条约集，2021）。2021 年 1 月，乔·拜登总统签署《应对国内外气候危机的行政命令》，确保到 2035 年电力部门实现无碳污染，推动美国迈上 2050 年前实现碳中和经济的道路。此举主要致力于优化美国的能源结构，要求联邦机构部门根据相关法律取消化石燃料补贴，挖掘推动创新、商业化及清洁能源技术和基础设施部署的新机会。该行政命令还鼓励联邦政府暂停在公共土地或近海水域签订新的石油和天然气租约，严格审查公共土地和水域现有与化石燃料开发相关的所有租赁和许可做法，并明确了到 2030 年将海上风能的可再生能源产量增加一倍的相关举措。

印度尼西亚于 2021 年通过环境和林业部披露了 2050 年低碳和气候韧性长期战略（LTS-LCCR），并于 2021 年 5 月宣布，国家到 2060 年将实现碳中和。在宣布目标之后，印度尼西亚迅速采取各类行动，例如，于 2021 年 5 月宣称将在 2023 年之后停止建设新的燃煤电厂，并与国际商会（ICC）、经济合作与发展组织（OECD）、世界银行（World Bank）和世界经济论坛（WEF）制定巴厘岛（THK）混合融资路线图，将混合融资作为促进私募投资以推动转型的有效方式。

当前，全球气候立法已取得长足进展。预计未来几年将有更多国家采取关键性举措。同时，各国对气候相关法律的认知也有望进一步加深和全面——目前已有 33 个国家（碳排放量占全球碳排放总量的 66％）颁布或提议相关法案，或出台政策文件。随着越来越多的高排放国家加快立法和出台政策，预计到 2025 年，全球约 75％的碳排放量有望纳入严格的监管（能源与气候智库，2021）。优化能源结构是多国气候变化相关法律政策的重点举措，多数国家都致力于推广利用可再生能源，并减少使用化石燃料

能源[①]。

积极推动经济绿色复苏计划。欧洲投资银行宣布从 2021 年底起，彻底停止对石油、煤炭等传统化石能源项目投资。不仅如此，欧盟委员会考虑到能源基础设施作为绿色交易的重要工具，在实现“气候中立”目标中具有关键促进作用，从“欧洲联通设施”专项基金中特别拨款 9.8 亿欧元投入欧洲大型能源基建项目，并强调将在 2021—2027 年预算期内为该基金继续投入 87 亿欧元的预算，强化支持脱碳附加值高的项目[②]。

大力支持气候友好型产业和技术。德国政府于 2020 年 6 月通过了总额为 1 300 亿欧元的疫后经济复苏刺激计划。该计划涵盖促进消费、企业支持与民众补贴等方面，其预算重点支持气候友好型产业和技术，也凸显了默克尔政府重振经济并摆脱对化石能源和汽车制造业依赖的承诺。德国经济复苏刺激计划主要包括推动绿色电力发展、实施国家氢能战略、促进汽车行业绿色转型三个方面。德国联邦内阁于 2020 年 6 月 10 日通过了《国家氢能战略》，提出为经济发展创建新的价值链以及进一步发展国际能源政策合作，保障在可再生能源比例不断提高的情况下，德国能源供应系统的安全性、经济性和气候友好性[③]。

（三）保护生物多样性，构建生命共同体[④]

采取监管措施，促进生物多样性保护、可持续利用和恢复。例如，越南已采取措施管制野生动物贸易，以减少相关的人类健康风险。印度政府通过其补偿造林基金管理和规划局向部落社区提供 600 亿卢比（8 亿美元）的资金，用于森林管理、野生动物保护和其他相关活动。新西兰政府启动了 13 亿新西兰元（9 亿美元）的“自然就业”计划。该计划旨在提供多达 11 000 个工作岗位，控制入侵物种（如野生松树、袋鼠和白鼬），并保护和恢复私人和公共保护土地上的栖息地。

出台支持环境相关研发的财政措施。例如，奥地利已承诺将 3.5 亿欧

① 《企业碳中和路径图——落实巴黎协定和联合国可持续发展目标之路》（2021）。

② 寇静娜，张锐．疫情后谁将继续领导全球气候治理——欧盟的衰退与反击［J］．中国地质大学学报（社会科学版），2021，21（1）：87-104.

③ 汪万发，张剑智．疫情下国际绿色复苏政策动向与影响分析［J］．环境保护，2020，48（20）：66-69.

④ https://www.oecd.org/coronavirus/policy-responses/biodiversity-and-the-economic-response-to-covid-19-ensuring-a-green-and-resilient-recovery-d98b5a09/#section-d1e1061。

元（4.07 亿美元）用于资助有助于提高森林气候适应能力的研究项目，包括采取措施保护和提高生物多样性，增加天然林保护区。英国研究与创新组织（UKRI）发起了一项项目建议书征集活动，重点关注新冠肺炎疫情的社会、经济和环境影响（UKRI，2020）。法国国家研究机构推出了一个新的短期研究项目“RA-COVID－19”，涵盖了一系列广泛的问题。

环境可能是唯一一个从疫情中获益的板块。疫情的发生也使得世界各国开始反思人类与地球的相处之道，采取更多措施积极应对全球变暖、气候变化、生物多样性锐减等突出环境问题，致力于构建一个更健康、更公平、更绿色的世界，这也有利于推动目标 6、目标 13、目标 15 的实现。

四、伙伴关系方面

新冠肺炎疫情席卷全球，对国际社会造成了极大的影响。国际经济发展和国际贸易都因疫情出现暂时的停摆。从长远来看，疫情对国际社会的影响也远不止于此。面对新冠肺炎疫情在全球蔓延的严峻挑战，团结合作才是国际社会战胜疫情最有力武器。

充分发挥国际组织作用，提供抗疫援助。国际组织在此次疫情中发挥出了不可估量的作用。例如，联合国发起“全球人道主义响应计划”，旨在减轻疫情对最脆弱国家的影响，包括提供诊疗设备和防疫物资、在难民营和无家可归者居住点安装洗手设备、发起病毒防治宣传、为人道救援人员和救援物资提供空中走廊等。2020 年 5 月，新版新冠肺炎疫情全球人道响应计划所需资金由原计划的 20 亿美元增加到 66.9 亿美元，受援国从 54 个增加到 63 个。与此同时，世界卫生组织作为联合国系统内卫生问题的指导和协调机构，自疫情发生以来，在物资援助、协调合作、经验总结、信息分享等多方面发挥了重要作用①。

推进疫苗合作，筑牢健康安全防线。在疫情危机面前，世界各国特别是发展中国家能否平等获取安全有效的新冠肺炎疫苗变得至关重要。在此背景下，世界卫生组织、全球疫苗免疫联盟以及流行病预防创新联盟共同提出了“新冠肺炎疫苗实施计划”（COVAX）。这一计划旨在让

① http：//www. xinhuanet. com/2020－05/08/c _ 1125957444. htm。

参与国能够使用世界上应用最广泛和最多样化的候选疫苗产品组合，确保所有国家都能同时获得新冠肺炎疫苗，并优先考虑包括卫生工作者、老年人在内的高风险人群。截至 2020 年 10 月，已经有 180 多个国家和地区加入全球新冠肺炎疫苗计划。2021 年 5 月 3 日，世卫组织总干事谭德塞宣布，“新冠肺炎疫苗实施计划”已向 121 个国家和经济体送去了近 5 000 万剂疫苗[①]。

五、小结

疫情的发生、蔓延及防控，与可持续发展目标有着密不可分的关系。对接分析疫情与联合国《2030 年可持续发展议程》提出的 17 项目标，既能为打赢疫情防控阻击战确定方向和动力，更能为实现 SDGs 拓展思路。总体来说，各国为防控疫情采取的各项举措对于 SDGs 目标的实现都有一定的促进作用。社会方面，为应对疫情带来的极端贫困人口的增加、粮食安全问题、教育不平等、民生福祉水平降低等，许多国家在保障自身处于安全状态的情况下积极援助其他落后国家，保障人类生存和发展的基本需求，体现了以人为本的理念，与社会方面的 SDGs 目标理念一致。尽管疫情对整个人类社会带来的影响是灾难性的，这些举措带来的成效可能难以抵消疫情给 SDGs 社会方面的目标带来的停滞甚至倒退的影响，但不可否认各国付出这些努力的正面意义。疫情同样对世界经济带来严重冲击，各国政府采取的救助企业、维稳金融、复工复产、转型升级等举措在一定程度上缓和了这种冲击，保障了经济社会的正常运行，对于目标 8、目标 9、目标 10、目标 12 的实现有一定帮助。环境可能是唯一一个从疫情中受益的板块，人类活动的减少和疫情带来的反思使得地球的生态环境得到一定程度的恢复，基于灾难下的思考，各国正努力加强全球环境可持续发展能力，这些对于实现目标 6、目标 13、目标 15 都有一定助益。与此同时，我们还应当清醒地意识到，SDGs 目标的实现仍将面临巨大的困难，SDGs 并不是人类自我实现的童话，而是我们必须依靠共同而有区别的智慧和努力才能达成的现实目标。

---

① http：//www. chinanews. com/gj/2021/05 - 04/9469886. shtml。

第二节 国内应对疫情影响、促进 SDGs 目标实现的典型实践和经验

基于中国抗击新冠肺炎疫情的过程具有明显的阶段性特征，本部分在对中国经验进行总结的时候，按照疫情发展态势以及中国相应采取的有效应对举措进行归纳总结，也分社会、经济、环境、伙伴关系四块主要内容进行介绍。脱贫攻坚与乡村振兴作为社会方面的一大重点举措，是具有中国特色的典型经验，因此在中国经验部分，特别将中国克服新冠肺炎疫情影响取得脱贫攻坚全面胜利的经验，单独作为一点进行重点分析。

一、社会方面

面对疫情挑战，中国统筹疫情防控和经济社会发展，全力推动复工复产，在抓好“六稳”（稳就业、稳金融、稳外贸、稳外资、稳投资、稳预期），稳定经济基本盘的基础上，明确提出“六保”任务（保居民就业、保基本民生、保市场主体、保粮食能源安全、保产业链供应链稳定、保基层运转），即保障基本民生，以保促稳、稳中求进，打好疫情防控和经济社会发展的持久战。

（一）疫情集中暴发期，跟疫情赛跑，集中力量、动员资源组织疫情防控和救治，迅即应对突发疫情

疫情大规模暴发于 2020 年的中国的传统佳节春节期间，人员大范围密集流动，做好疫情防控工作十分紧要。中国始终把人民群众生命安全和身体健康放在第一位，制定周密方案，组织各方力量开展防控，采取切实有效措施，坚决遏制疫情蔓延；全力救治患者，及时查明病毒感染和传播原因，加强病例监测，规范处置流程；及时发布疫情信息，加强舆论引导以及有关政策措施宣传解读工作，坚决维护社会稳定和人民健康[①]。

党中央集中统一领导与国家最高决策层果断战略决策，集中统一领导和“全国一盘棋”的战略思维及统筹抗疫部署是遏制新冠肺炎疫情快速蔓

① 习近平：要把人民群众生命安全和身体健康放在第一位 坚决遏制疫情蔓延势头，https：//news. gmw. cn/2020－01/21/content _ 33498380. htm。

延的关键[①]。面对重大突发公共卫生事件，仅仅依靠个人、民间组织、地方政府是不可能彻底控制住的，需要具有战略眼光和全局意识、反应迅速、决策高效的集中统一的领导机构发挥战略决策和统筹协调职能，全面推进疫情防控。

1. 党中央的集中统一领导和高效决策是中国迅速控制疫情并取得阶段性胜利的关键

新冠肺炎疫情发生以来，党中央、国务院高度重视，对防控工作作出一系列重要部署。成立中央应对新型冠状病毒感染肺炎疫情工作领导小组，在中央政治局常委会领导下开展工作，加强对全国疫情防控的统一领导、统一指挥。各省份相继启动“重大突发公共卫生事件一级响应”，各地成立应对疫情工作领导小组，党政主要负责人亲自挂帅，制定落实社区的防控措施，实行网格化、地毯式管理。中央统筹，党政军民企齐动员，全国人力、物力、财力、精力、战力迅速向当时疫情防控主战场武汉和湖北其他地区集中。

2. 强大的社会动员组织能力与人民群众的广泛参与是战胜重大疫情的关键

各级地方政府尤其是基层的社区和村组广泛动员，无缝隙、全覆盖，形成抗疫的社会动员体系；各行各业扛起责任，国有企业、公立医院勇挑重担，各类民营企业、民办医院、慈善机构、养老院、福利院等积极出力，形成帮扶互助体系；依靠基层党组织，充分发挥基层党支部的战斗堡垒作用，460多万个基层党组织冲锋陷阵，400多万名社区工作者在全国65万个城乡社区日夜值守，构建防疫的核心基层组织网络体系；广泛宣传，使广大民众充分认识到疫情的危害，增强广大人民群众防疫的自觉性；采取各种强有力的“硬核”措施，奖罚分明，严厉禁止和处罚各种违反公共卫生安全的行为，在全国形成联防联控、群防群控的形势。

3. 全国统筹防疫救治资源和对口支援武汉和湖北其他地区是遏制疫情蔓延的关键

充分调配全国资源，通过多地大规模医护人员的支援、医疗资源的投入、抗疫物资的充足供给，实现全国抗疫物资的统筹安排，弥补疫情防控

① 全球疫情防控的中国力量与中国速度，http：//news.sina.com.cn/c/2020-05-05/doc-iircuyvi1411275.shtml。

重点地区抗疫物资不足的问题，加强不同地区之间、疫情防控重点地区与其他地区之间的分工合作，实现全国医疗资源的有效对接、优势互补，增强了地区协作、患难与共的精神，增强了人民群众众志成城抗击疫情的决心和信心。建立口罩等重点医疗物资全国统一调配机制，实时跟踪督促调配落实情况，确保武汉等重点地区医疗物资供应，口罩产能、产量以及出口均大幅提升。全国口罩日产能于2020年2月底突破1亿只，3月底突破2亿只，4月底突破10亿只①。

19个省区市对口帮扶除武汉以外的16个地级市（表3-1），最优秀的人员、最急需的资源、最先进的设备千里驰援，在最短时间内实现了医疗资源和物资供应从紧缺向动态平衡的跨越式提升②。这一系列整体防控的策略和措施很好地缓解了武汉医疗物资匮乏、医疗力量紧张的局面，并最大限度地提高收治率和治愈率、降低死亡率，为打赢疫情防控阻击战做出重要的贡献。

表3-1 各省区市对口支援湖北16个地级市

重庆、黑龙江	孝感
山东、湖南	黄冈
江西	随州
广东、海南	荆州
辽宁、宁夏	襄阳
江苏	黄石
福建	宜昌
内蒙古、浙江	荆门
山西	仙桃、天门、潜江
贵州	鄂州
云南	咸宁
广西	十堰
天津	恩施
河北	神农架林区

资料来源：央广网。

① 关于2020年国民经济和社会发展计划执行情况与2021年国民经济和社会发展计划草案的报告，http://www.gov.cn/xinwen/2021-03/13/content_5592786.htm。

② 习近平：在全国抗击新冠肺炎疫情表彰大会上的讲话，https://www.ccps.gov.cn/xxsxk/zyls/202009/t20200911_143334.shtml。

4. 全国实行“封闭式管理”以及分类集中收治集中隔离观察是阻止疫情大范围蔓延的关键

对于全国来说，自新冠肺炎被证实存在人传人情况后，为了阻断疫情传播扩散，中国政府采取了一系列严格的防控措施，史无前例的武汉“封城”、严格硬性的社区“封闭式管理”、覆盖全面的“拉网式清底大排查”、灵活精准的策略“分级分区”，最大限度地减少了人员流动和公众聚集，最大限度地排查并隔离了确诊和疑似患者，有效避免了疫情在社区内的传播，为控制疫情的蔓延起到了决定性作用，为彻底快速控制疫情打下了基础、争取了时间。**对于疫情严重地区**，实行对“四类人员”分类集中收治和隔离，确诊患者集中收治、疑似患者集中隔离，无法排除的发热患者和确诊患者的密切接触者集中隔离观察，新增人员“日清月结”[①]。为满足武汉及湖北其他地区疫情防控需要，用10多天时间先后建成火神山医院和雷神山医院、大规模改建16座方舱医院、迅速开辟600多个集中隔离点[②]，实现“应收尽收”，是扭转武汉保卫战局面的关键举措。

5. 科学技术、专家队伍等因素的支撑作用是战胜疫情的有力保障

面对人类未知的新冠病毒，中国坚持以科学为先导，充分运用近年来科技创新成果，组织协调全国优势科研力量，以武汉市为主战场，统筹全国和疫情重灾区，根据疫情发展不同阶段确定科研攻关重点，坚持科研、临床、防控一线相互协同和产学研各方紧密配合，为疫情防控提供了有力的科技支撑。**实施科研应急攻关**。遵循安全、有效、可供的原则，加快推进药物、疫苗、新型检测试剂等研发和应用。适应疫情防控一线的紧迫需求，围绕“可溯、可诊、可治、可防、可控”，坚持产学研用相结合，聚焦临床救治和药物、疫苗研发、检测技术和产品、病毒病原学和流行病学、动物模型构建五大主攻方向，组织全国优势力量开展疫情防控科技攻关，加速推进科技研发和应用，部署启动83个应急攻关项目。按照灭活疫苗、重组蛋白疫苗、减毒流感病毒载体疫苗、腺病毒载体疫苗、核酸疫苗等5条技术路线开展疫苗研发，总体研发进度与国外持

① https://politics.gmw.cn/2020-02/02/content_33517231.htm。

② 习近平：在全国抗击新冠肺炎疫情表彰大会上的讲话，https://www.ccps.gov.cn/xxsxk/zyls/202009/t20200911_143334.shtml。

平，部分技术路线进展处于国际领先地位。组织科研团队开展科学溯源研究。**坚持科研攻关和临床救治、防控实践相结合**。第一时间研发出核酸检测试剂盒，推出一批灵敏度高、操作便捷的检测设备和试剂，检测试剂研发布局涵盖核酸检测、基因测序、免疫法检测等多个技术路径。坚持“老药新用”基本思路，积极筛选有效治疗药物，探索新的治疗手段，在严谨的体外研究和机制研究基础上，不断总结救治经验，推动磷酸氯喹、恢复期血浆、托珠单抗和中医药方剂、中成药等 10 种药物或治疗手段进入诊疗方案，获得 4 项临床批件，形成 5 项指导意见或专家共识。开展试验性临床治疗，加快推广应用临床验证有效的诊疗方法和药物。强化实验室生物安全监管，加强新冠病毒临床检测血液样本和实验室检测生物样本管理。**运用大数据、人工智能等新技术开展防控**。充分利用大数据、人工智能等新技术，进行疫情趋势研判，开展流行病学调查，努力找到每一个感染者、穷尽式地追踪密切接触者并进行隔离。建立数据库，依法开展疫情防控风险数据服务，对不同风险人群进行精准识别，预判不同地区疫情风险，为促进人员有序流动和复工复产提供服务。通过 5G 视频实时对话平台，偏远山区的流行病学调查团队可以与几千公里之外的高级别专家实时互动交流。经公民个人授权，推广个人“健康码”“通信大数据行程卡”作为出行、复工复产复学、日常生活及出入公共场所的凭证，根据查询结果进行管控通行和分类处置，实现分区分级的精准识别、精准施策和精准防控。利用大数据技术绘制“疫情地图”，通过社区名称、地址和位置，标明疫情传播具体地点、距离、人数等，为公众防范传染提供方便。

6. 依法及时公开透明发布疫情信息是稳定社会秩序的关键

中国建立最严格且专业高效的信息发布制度，第一时间发布权威信息，速度、密度、力度前所未有。持续、权威、清晰的疫情信息，有效回应了公众关切、凝聚了社会共识，为其他国家提供了参考和借鉴。武汉市从 2019 年 12 月 31 日起依法发布疫情信息，并逐步增加信息发布频次。2020 年 1 月 21 日起，国家卫生健康委每日在官方网站、政务新媒体平台发布前一天全国疫情信息，各省级卫生健康部门每日统一发布前一天本省份疫情信息。2 月 3 日起，国家卫生健康委英文网站同步发布相关数据。各省区市政府网站及政务新媒体平台及时发布本地疫情信息和防控举措。

同时大力开展应急科普，通过科普专业平台、媒体和互联网面向公众普及科学认知、科学防治知识，组织权威专家介绍日常防控常识，引导公众理性认识新冠肺炎疫情，做好个人防护，消除恐慌恐惧。加强社会舆论引导，各类媒体充分传递抗击疫情正能量，同时发挥舆论监督作用，推动解决疫情防控中出现的问题。

值得一提的是，本土疫情得到控制后，为确保防疫公开透明、数据准确，还组织对病例数据依法进行适时订正。武汉市在疫情早期因医院收治能力不足导致患者在家中病亡、医院超负荷运转、死亡病例信息登记不全等，客观上存在迟报、漏报、误报现象，根据相关法律规定，在深入开展涉疫大数据与流行病学调查的基础上，对确诊和死亡病例数进行了订正，并向社会公开发布。

此次新冠肺炎疫情防控，为应对重大突发公共卫生事件积累了宝贵经验，同时也暴露出国家公共卫生应急管理体系存在的不足。中国将认真总结疫情防控和医疗救治经验教训，研究采取一系列重要举措，补短板、强弱项。改革完善疾病预防控制体系，建设平战结合的重大疫情防控救治体系，健全应急物资保障体系，加强构建关键核心技术攻关新型举国体制，深入开展爱国卫生运动，不断完善公共卫生体系，切实提高应对突发重大公共卫生事件的能力和水平，更好维护人民生命安全和身体健康。

（二）疫情趋于稳定后，逐步平衡疫情防控与经济社会民生，助力打好疫情防控和经济社会发展的持久战

2020年第一季度，突如其来的新冠肺炎疫情给中国经济社会发展带来前所未有的冲击。中国在毫不放松加强疫情防控的同时，稳妥有序放开经济和社会活动，在加大“六稳”工作力度的同时，提出“保居民就业、保基本民生、保市场主体、保粮食能源安全、保产业链供应链稳定、保基层运转”的“六保”任务，形成同疫情防控相适应的经济社会运行秩序，努力将疫情对经济社会发展的冲击和影响降到最低，为抗击疫情提供有力的物资保障和社会保障。

1. 保居民就业：把促进就业作为直接目标和工作重心

疫情的暴发使中国的就业面临双重阻力，一是疫情期间经济活动减少、经济活跃度降低，对劳动力的需求显著减少，二是“封闭式管理”造

成农民工返城困难，以及企业劳动力需求不能得到及时满足[①]。中国充分考虑这次疫情冲击的特点，全面强化就业优先政策，减负稳岗扩就业多措并举，增强企业稳定和创造就业岗位能力。在做好疫情防控的前提下推动餐饮、商场、文化、旅游、家政等生活服务业和劳动密集型行业复工复业复市，有效帮扶中小微企业，帮助外贸企业拓展市场渠道，着力稳定现有就业岗位[②]。针对部分企业稳岗压力大和重点群体就业困难，因企因人分类帮扶，增强政策精准性。通过鼓励发展灵活就业和新就业形态、提供公益性就业岗位、抓紧开工一批重大工程等，增加新的就业岗位，帮助低收入家庭、农民工等群体就业。通过提供不断线的就业服务、扩大基层服务项目招聘等，促进高校毕业生就业。

2. 保基本民生：汇聚各方力量共同应对疫情影响

为保持社会稳定、有序运转，中国不断加强社会治安管理，强化防疫物资质量和价格监管，维护市场秩序和社会稳定。及时出台受疫情影响困难群众兜底保障政策，有效保障困难群众基本生活。疫情大考下，在实施交通管制、全民居家隔离等严格管控措施的情况下，不论是城市还是农村，水、电、燃气、通信不停，生活物资供应不断，社会秩序不乱，食品、药品、能源、基础工业品、基本公共服务等关系国计民生的重点行业有序运转，14亿人民的基本民生得到有效保障，经济社会大局保持了稳定有序[③]。

3. 保市场主体：帮助困难企业渡过难关

各类市场主体是居民就业的载体，这意味着保住市场主体，才能更好完成“六保”任务的前两项——保居民就业、保基本民生。其中保市场主体，重点是保中小微企业，帮扶中小微企业渡过难关。国家及各地政府层面，出台了阶段性减税降费、减免企业社保费以及延期还本付息和降低利

---

① 六位学者共议“六保”如何齐发力，https：//article. xuexi. cn/articles/index. html? source=share&art _ id=14938521014695118779&showmenu=false&study _ style _ id=feeds _ default&t=1587453714812&share _ to=dd&ptype=-1。

② 落实“六保”任务　稳住经济基本盘，https：//article. xuexi. cn/articles/index. html? art _ id=9231169765575126418&source=share&study _ style _ id=feeds _ default&share _ to=dd&ptype=-1&item _ id=9231169765575126418。

③ 抗击新冠肺炎疫情的中国行动，http：//www. gov. cn/zhengce/2020 - 06/07/content _ 5517737. htm。

息负担等政策，并将阶段性政策与制度性安排相结合，让更多受疫情冲击、面临短期困难但能恢复运营的企业存续下来，进而提高生存和发展能力。

4. 保粮食能源安全：防止疫情叠加经济放缓带来“预期恐慌”

粮食与能源安全是国家安全的重要基础，根据中国国家统计局2016—2020 年关于粮食产量数据的公告①，中国粮食产量连续 5 年保持在 6.1 亿吨以上，粮食生产保持稳定，供需总量平衡，粮食进口量占比很低。

中国加强粮食供需形势分析研判，进一步完善粮食储备调控体系。完善粮食“产购储加销”协同保障机制，优化储备品种结构和区域布局，建立政府储备规模动态调整机制，支持建设 234 个粮食仓储物流和应急项目，不断提升粮食仓储能力、提高粮食流通效率，多环节全链条系统化减少粮食产后损失。及时跟踪研判生猪市场形势变化，加强动物防疫基础设施建设，做好非洲猪瘟常态化防控，生猪生产加快恢复，聚焦重要时段投放中央冻猪肉储备，有效保障了猪肉等重要民生商品的供应。“菜篮子”“果盘子”等产品数量充足，均衡供应能力明显提升。实施藏粮于地、藏粮于技战略，农业基础设施条件不断改善，完成 8 000 万亩高标准农田年度建设任务。农业科技支撑不断加强，农作物耕种收综合机械化率达到 71%。

中国积极推进煤电油气产供储销体系建设，进一步增强紧缺矿产资源自主保障能力，推动国内油气增储上产，加强油气储备能力和重大电力工程建设。全国大电网基本实现联通，西电东送能力达到 2.6 亿千瓦。风电、太阳能、水电装机规模保持世界第一，非化石能源发电装机规模增长到 9.8 亿千瓦。持续开展电力系统灵活性改造，风电、光伏发电和水能利用率均提高到 96%以上，能源安全保障能力持续提升。

5. 保产业链供应链稳定：促进产业链协同复工复产达产

产业链供应链稳定事关国家产业和经济安全。当前，全球供应链体系加快调整，一些国家推进供应链分散化，提高“本土化生产”比例，

① 国家统计局关于 2020 年粮食产量数据的公告，http：//www.stats.gov.cn/tjsj/zxfb/202012/t20201210_1808377.html。

全球供应链收缩，区域化、近岸化特征更趋明显。保产业链供应链稳定，一方面需要继续推进全球供应链合作；另一方面需要针对可能出现的“断供”，做好保障供应链安全的应对预案，下决心补短板，培育可替代的供应链，拓展国内供应渠道，增强国内替代能力。同时，不断优化营商环境，以高水平开放提高国内产业链根植性，提升产业链安全水平和竞争力。

一是根据疫情形势完善复工复产防控指南，发挥国务院复工复产推进工作机制作用，建立跨部门工作专班，加强统筹指导和协调服务，打通产业链、供应链堵点①。二是加大国际协调合作，通过增加国际货运航班等措施，维护国际供应链畅通。三是引导金融机构主动对接产业链核心企业，加大流动资金贷款支持，给予合理信用额度。

有序推动全产业链复工复产，不仅是加快恢复国内经济协调运转，有力保障经济生活需求，更是维护中国经济在全球供应链中的重要地位。通过引导金融机构主动对接产业链核心企业，能够显著缓解后者融资压力，更重要的是能够以大带小，有效降低上下游中小企业的现金流压力，充分提高其积极性，加速复工复产。

6. 保基层运转：提高应急保障能力，建立长效治理机制

基层有效运转是保障公共服务和基本民生的前提。疫情给一些地方的财政收入带来阶段性冲击。保基层运转，需要加大中央对地方转移支付力度，**中央本级支出继续安排负增长**，进一步大幅压减非急需非刚性支出，对地方一般性转移支付增长 7.8%，增幅明显高于 2020 年，其中均衡性转移支付、县级基本财力保障机制奖补资金等增幅均超过 10%。建立常态化财政资金直达机制并扩大范围，将 2.8 万亿元中央财政资金纳入直达机制，为基层提供更加及时有力的财力支持。政府带头过紧日子，节用为民，确保基本民生支出只增不减，助力市场主体焕发生机。同时，通过政府和社会资本合作（PPP）等模式，调动社会资本参与公共基础设施建设的积极性，提高财政资金使用效率，并更多用于公共服务领域②。

① 3 月 10 日的国务院常务会定了这三件大事，http：//www.gov.cn/guowuyuan/2020-03/11/content_5490097.htm。

② 从“国家账本”感受政策力度和民生温度——代表委员和专家学者热议预算报告，http：//www.gov.cn/xinwen/2021-03/09/content_5591716.htm。

（三）疫情防控常态化，稳定有序不松懈，持续做好常态化疫情防控工作，有序组织新冠疫苗接种

2020年5月之后，中国境内疫情总体呈零星散发状态，局部地区出现散发病例引起的聚集性疫情，境外输入病例基本得到控制，疫情防控积极向好态势持续巩固，全国疫情防控从应急状态转为常态化。进入疫情防控常态化阶段，中国全面落实“外防输入、内防反弹”的总体防控策略，坚持及时发现、快速处置、精准管控、有效救治，有力保障人民群众生命安全和身体健康，有力保障经济社会秩序全面恢复①。中国加大力度推进复工复产复学，生产生活秩序逐步恢复，常态化防控措施经受“五一”“十一”等小长假考验。

1. 强化全民行动，构筑全民健康免疫屏障

疫情防控进入常态化后，需要广大民众保持强烈的防控意识和良好的生活习惯，每个人要将良好的生活习惯变成生活的常态，做自己健康的第一责任人。戴口罩、勤洗手、常通风、一米线、公筷制、少聚餐，保持良好的卫生习惯和健康的行为方式，在有效防控新冠肺炎疫情的同时，也能够防控其他传染病。同时，为加快构筑保障人民健康免疫屏障，保障人民生命安全和身体健康，各地方政府以“知情、同意、自愿”为基本原则，有序组织推进新冠病毒疫苗接种工作，截至2021年9月6日，中国累计接种新冠病毒疫苗211 308.3万剂次②。

2. 加强防控能力，专业机构做好防控工作的常态化

医疗卫生机构、疾病预防控制机构等这些专业机构，在日常工作中贯穿“及时发现、快速处置、精准管控、有效救治”的基本方略，及时发现传染源，阻断传播途径，为早发现、早报告、早隔离、早治疗打下坚实基础。为加强专业机构的核酸检测能力，在全国开展新冠病毒核酸检测线上培训，依托国家卫健委能力建设和继续教育中心网上培训平台开展，同时

① 国务院联防联控机制印发《关于做好新冠肺炎疫情常态化防控工作的指导意见》，http：//www.xinhuanet.com/politics/2020-05/08/c_1125959120.htm。

② 31省份累计报告接种新冠病毒疫苗212 458.2万剂次，http：//www.chinanews.com/gn/2021/09-09/9561664.shtml。

结合线下培训和实操训练[①]，强化核酸检测能力储备，避免局部疫情出现甚至暴发时，医疗资源挤兑导致检测能力严重滞后，给疫情防控和群众健康带来不利影响。

3. 突出重点领域，做好重点场所、重点人群防控工作常态化

为保障人民群众身体健康和正常生产生活，在落实防控措施的前提下，全面开放的商场、超市、宾馆、餐馆等生活场所，分类有序地开放的其他公共娱乐场所，建立健全自控机制和应急预案，在专业政府部门的指导下做好公共场所疫情防控工作。对于医疗机构、学校、养老机构、监管场所等重点机构，根据机构特点认真排查，加强对老年人、儿童等重点人群的个人防护指导，降低这些机构受疫情影响的风险。

4. 强化科技支撑，提升常态化防控工作的科技含量

一方面推进疫苗、药物科技攻关和病毒变异、免疫策略等研究，提升检测试剂和设备研发水平，提高检测灵敏度、特异性、简便性，进一步提升检测能力、缩短检测时间[②]，推进重点人群应检尽检和其他人群愿检尽检。另一方面继续发挥大数据的作用，依托全国一体化政务服务平台，推进落实健康码跨地区互通互认，促进人员有序流动，实现健康码“全国一盘棋”，为持续推进复工复产，破除不必要的壁垒和障碍。

5. 强化合作共享，形成防控合力积极应对疫情

在国内，全面落实地方党委政府的属地责任、系统部门的主管责任、企业事业单位的主体责任、家庭个人的自我防护责任，形成防控合力，促进防控工作的全面常态化。在国际上，加强与世界卫生组织等国际组织、有关国家的信息共享、技术交流和防控合作。

至此，中国局部地区出现散发病例引起的聚集性疫情情况后，各地方政府组织开展大规模的流调排查和分类核酸检测，能够非常迅速且得力地应对，实现及时发现、快速处置、精准管控、有效救治的常态化防控。这一系列果断举措，得益于中国前期疫情防控所积累的经验，以及核酸检测等技术条件的成熟，每一次刚出现局部疫情，就有这样全套的疫情防控措

① 全国医疗卫生机构核酸检测能力大幅提高（国务院联防联控机制发布会），http：//politics.people.com.cn/n1/2020/0625/c1001－31759151.html。

② 国务院：推进疫苗、药物科技攻关和病毒变异、免疫策略等研究，https：//baijiahao.baidu.com/s?id=1666117361949688562&wfr=spider&for=pc。

施跟上，将风险及时遏制和排除。

二、经济方面

2020年伊始，突如其来的疫情严重冲击中国经济，造成前所未有的影响。一是经济增长不稳。生产、消费、交换等经济活动大范围停滞，导致投资、消费、进出口快速下行，经济负增长。二是经济主体陷入危机。疫情冲击下，企业部门、家庭部门、政府部门受到严重影响，企业和家庭收入下降，陷入现金流危机，时间一长，企业甚至可能破产。政府部门收入下降，支出上升，导致债务积累、赤字增加。三是金融风险加大。疫情的不确定性给金融市场投资者造成严重干扰，导致预期不稳，资产价格波动性上升，金融市场动荡。而疫情冲击下企业、居民收入下降乃至企业破产也会传导到金融机构，导致金融机构资产损失，并进而威胁金融稳定。四是内外经济失衡。疫情冲击给进出口造成重大影响，2020年一季度中国进出口均呈负增长。疫情也会影响资本收支平衡，引起汇率波动。此外，世界经济出现前所未见的负增长、负利率、负油价、负收益，中国经济发展的外部环境严重恶化。经济形势发生重大变化，外部环境严重恶化，经济平稳健康发展面对一系列新挑战和新风险。

面对疫情的持续影响和不断变化的内外部环境，中国在构筑疫情防控坚固防线的基础上，统筹做好经济社会发展工作，围绕市场主体的急需，制定和实施系列宏观政策，稳住经济基本盘，取得了率先控制住疫情、率先复工复产、率先实现经济正增长的显著成绩，展现了中国经济的强大韧性和抗冲击能力。2020年，中国国内生产总值增长2.3%，是全球唯一实现经济正增长的主要经济体①，以合理代价取得较大成效，为全球复苏作出贡献。

（一）修复经济：围绕市场主体的急需制定和实施宏观政策，助企纾困稳住经济基本盘

面对疫情挑战，中国统筹疫情防控和经济社会发展，全力推动复工复

① 盛来运．不平凡之年书写非凡答卷——《2020年国民经济和社会发展统计公报》评读［EB/OL］.（2021-02-28）. http：//www.stats.gov.cn/ztjc/zthd/lhfw/2021/lh_hgjj/202103/t20210301_1814215.html.

产，既及时果断又保持定力，坚持不搞“大水漫灌”[①]，科学把握规模性政策的平衡点，加大宏观政策应对力度，经济发展的内生动力、平衡性和可持续性进一步增强。**减税降费红利深度释放**，实施阶段性大规模减税降费，阶段性减免小规模纳税人增值税，阶段性减免养老、失业、工伤三项社会保险单位缴费部分，减半征收职工医疗保险单位缴费部分，落实住房公积金阶段性支持政策，全年为市场主体减负超过2.6万亿元，其中减免社保费1.7万亿元。**创新宏观政策实施方式**，中央财政对新增2万亿元资金建立直达机制，省级财政加大资金下沉力度，共同为市县基层落实惠企利民政策及时补充财力。通过降低存款准备金率、开展中期借贷便利操作、公开市场操作、再贷款再贴现、创新直达实体经济的货币政策工具等方式，共推出9万多亿元的货币支持措施。**通过贷款市场报价利率(LPR)改革推动社会融资成本下降**。支持银行定向增加贷款并降低利率水平，对中小微企业贷款延期还本付息，大型商业银行普惠小微企业贷款增长50%以上，金融系统向实体经济让利1.5万亿元。阶段性对部分服务业小微企业和个体工商户减免缓收房屋租金。助企纾困政策落实的主要成效见表3-2。

表3-2　助企纾困政策落实的主要成效

政策	成　　效
减税降费	在实施降低增值税税率、降低企业养老保险费率等制度性政策的基础上，根据应对疫情的需要，新出台实施7批28项减税降费政策，及时推出免征中小微企业社保费、减免小规模纳税人和部分行业增值税等阶段性措施，延缓小微企业、个体工商户所得税缴纳，对于保住上亿市场主体、激发市场活力、促进企业利润恢复增长发挥了关键作用。
降低融资成本	创设普惠小微企业贷款延期支持工具和信用贷款支持计划两项直达实体经济的货币政策工具。2020年，银行业累计对7.3万亿元贷款实施延期还本付息，累计发放普惠小微信用贷款3.9万亿元。小微企业融资“量增、价降、面扩”。2020年末，普惠小微贷款余额15.1万亿元，增长30.3%，支持小微经营主体3 228万户，12月新发放普惠小微企业贷款利率5.08%，比上年同期下降0.8个百分点。2020年末，制造业中长期贷款余额约5.26万亿元，增长35.2%。

① 最全！一图读懂2021年《政府工作报告》，http：//www.gov.cn/xinwen/2021-03/19/content_5590441.htm。

（续）

政策	成效
降低物流成本	实施应对疫情影响、支持物流业发展的6方面12条措施。国务院转发国家发展改革委、交通运输部《关于进一步降低物流成本的实施意见》，推出降低制度成本、要素成本、税费成本、信息成本、联运成本、综合成本等6方面24条政策措施。印发实施《关于进一步优化发展环境促进生鲜农产品流通的实施意见》，从经营成本、金融支持、用地用房、营商环境、企业做大做强等5方面提出12条具体政策措施，解决生鲜农产品流通领域制约企业尤其是民营企业发展的突出问题。
阶段性降低成本政策	**企业用电成本：**印发实施《关于疫情防控期间采取支持性两部制电价政策降低企业用电成本的通知》和《关于阶段性降低企业用电成本支持企业复工复产的通知》，明确2020年6月30日前实施支持性两部制电价政策；自2月1日至6月30日，将除高耗能行业外的工商业用户电价降低5%，随后又延长至年底。 **企业用气成本：**印发实施《关于阶段性降低非居民用气成本支持企业复工复产的通知》，自2020年2月22日至6月30日，执行政府指导价的非居民用气，上游供气企业以基准门站价格为基础适当下浮；对化肥等涉农生产且受疫情影响大的行业给予更优惠气价；对价格已放开的，鼓励上游供气企业与下游用气企业协商降低价格。上述措施降低企业用气成本80亿元以上。 **交通运输成本：**降低疫情期间机场、空管收费标准，阶段性免征航空公司应缴民航发展基金，阶段性减免公路通行费，降低或减免港口环节收费和基金，减半核收铁路货运保价费、集装箱延期使用费、货车滞留费等。 **征信服务收费：**印发实施《关于阶段性减免部分征信服务收费的通知》和《关于延长阶段性减免部分征信服务收费的通知》，明确从2020年3月1日到年底，减免部分涉企征信服务收费。
减免缓降社会保费	先后出台《关于阶段性减免企业社会保险费的通知》《关于阶段性减征职工基本医疗保险费的指导意见》和《关于延长阶段性减免企业社会保险费政策实施期限等问题的通知》等政策文件。2020年全年共为企业减免养老、失业、工伤等社会保险费1.7万亿元。

（二）刺激经济：深入挖掘和激发国内市场需求潜力，提升内需对经济增长的拉动作用

中国坚定实施扩大内需战略，加快形成强大国内市场，畅通供需循环，提升内需对经济增长的拉动作用，进一步增强消费基础作用。中国积极支持以新业态新模式引领新型消费加快发展，加快培育建设国际消费中心城市，文化和旅游消费、信息消费试点示范有序推进，养老托育等服务消费扩容提质，电子商务进农村综合示范深入实施①。稳定和扩大汽车等

① 关于2020年国民经济和社会发展计划执行情况与2021年国民经济和社会发展计划草案的报告，http://www.gov.cn/xinwen/2021-03/13/content_5592786.htm。

大宗消费，提振餐饮消费，农村消费潜力进一步释放。加快废旧家电回收体系建设，推动家电更新消费。2020年社会消费品零售总额达39.2万亿元；全国网上零售额达11.8万亿元，增长10.9%，其中实物商品网上零售额增长14.8%，占社会消费品零售总额的24.9%。

面对新冠肺炎疫情冲击，中国依靠世界领先的数字支付基础设施，通过在互联网平台上发放数字消费券的方法刺激消费回暖和服务行业复工。数字消费券在全国遍地开花，商务部副部长王炳南在2020年5月8日就已表示，数字消费券累计发放已达190多亿元。据不完全统计，十大消费城市也出台许多数字消费券政策（表3-3）。通过一系列促进消费的政策和对数字工具的运用，消费活力加速释放，消费市场逐渐得到回暖。

表3-3 中国十大消费城市2020年的数字消费券发放政策

城市	消费券发放政策及形式
北京	推出“防疫保供网上行”促消费活动，全市累计发放8.5亿元消费券；6—10月的“京范儿（FUN）消费季”，全市发放22亿元政企消费券、100多亿元企业消费券。
上海	4—6月的“五五购物节”，全市各平台和商家累计发放各类消费券286亿元。
重庆	3—5月，渝中区、渝北区累计发放3 000万元消费券；4月，全市发放消费券总额达2 000万元；6月，全市共发700万张消费券，金额达1.19亿元。
广州	6月，广州市联合近千户商家发放1 050万张消费券，总价值为1.78亿元；7—8月，广州市向全社会发放总价值为3 000万元的“文旅惠民消费券”。
成都	5月，向消费者随机派发2亿元消费券；7月，发放200万份消费券，金额达1.6亿元。
深圳	自3月底开始，深圳各区面向深圳市民发放消费券总价值超4.8亿元。
苏州	4月，苏州市总工会发放600万元消费券，张家港发放3 000万元消费券，昆山累计发放6 500万元消费券。
南京	3月，全市消费券发放金额约3.18亿元；5月，全市发放消费券金额约7 000万元。
杭州	3月26日，杭州市宣布发放16.8亿元的消费券，其中约11.8亿元为商家匹配优惠额度，5亿元为政府发放额度。
武汉	4—7月，武汉市投放5亿元的“武汉消费券”，相关网络平台匹配优惠18亿元，共计约23亿元。

资料来源：各地公开发布的新闻。

（三）继续深化改革：进一步增强社会主体信心和活力

要素市场化配置体制机制进一步完善。深化土地计划管理方式改革，赋予省级人民政府更多自主权，启动新一轮农村宅基地制度改革试点，调整完善土地出让收入使用范围，优先支持乡村振兴。加快完善技能人才评价制度，民营企业职称评审渠道逐渐打通，区域一体化人才资格互认机制稳步推进。深化科技成果使用权、处置权和收益权改革，开展赋予科研人员职务科技成果所有权或长期使用权试点。开展公共数据资源开发利用试点，推进政务数据有序共享。制定建设高标准市场体系行动方案。

营商环境不断优化。“放管服”改革深入推进，全面实施优化营商环境条例，在部分城市开展营商环境评价，发布《中国营商环境报告2020》。深入开展工程建设项目审批制度改革，基本建成全国统一的审批和管理体系。招标投标和政府采购领域营商环境持续优化，公共资源全流程电子化交易全面推行。修订印发《市场准入负面清单（2020 年版）》，清单事项由 131 项缩减至 123 项，市场准入限制持续放宽。

财税、金融、价格等重点领域改革步伐加快。生态环境、公共文化、自然资源、应急救援等领域中央与地方财政事权和支出责任划分改革方案印发实施。公开发行企业债券、公司债券全面实施注册制，资本市场韧性增强并延续总体平稳态势，金融业的适应性、竞争力和普惠性稳步提升。修订《中央定价目录》，定价项目缩减近 30%，电力、油气、公用事业、农产品等重点领域价格改革不断深化。服务业改革开放发展力度进一步加大，电力、油气体制改革持续深化。

三、环境方面

与新冠病毒扰动所引发的“显性”严峻后果相比，气候变化的程度和所引发的影响尽管已经非常明显和严重，各项指标在不断突破“临界值”（世界气象组织，2020），但对公众而言依然是相对隐性的，因此也难以像应对疫情那样在短时间内发布超越国情的强化力度政策措施。尽管方向正确，但全球气候治理目前仍面临一项最大的挑战，即应对力度远不足以实现《巴黎协定》确定的升温控制在 2℃之内的长期目标——按照第一轮国家自主贡献（NDC）测算，我们走在升温 2.7～3.4℃的路径上（United Nations Environment Programme，2019）。

在这场抗疫战役中，国家和地方生态环境主管部门都采取了一系列措施，加强对生态环境的监管，强化对医疗废物、医疗污水的安全处置，从生态环境保护角度为抗击疫情做出了重大努力，也为当前防疫工作创造了良好的环境条件。生态文明建设涉及生态环境保护、生物安全和公众健康文明的生活方式等，也是这场抗疫战役的重要组成部分，将决定这场抗疫战役的进展和成效。

筑牢生物安全防线。习近平总书记强调，要加快构建生态文明体系。目标之一就是建立以生态系统良性循环和环境风险有效防控为重点的生态安全体系。生态安全是国家安全体系的重要基石，是一道生命与健康的警戒线。生态安全体系是人类生产、生活和健康等方面不受生态破坏与环境污染等影响的保障，是一个由生物安全、环境安全和系统安全三方面组成的动态安全体系。

确保医疗废物安全处置。在新冠肺炎防治过程中，要做好医疗废弃物的安全处置工作，防止医疗废物引起二次传染或环境污染事故。例如，天津市蓟州区建立医疗废物集中转运体系，设立医疗废物中转站41个，与天津瀚洋汇和天津环保科技有限公司签订《医疗废物集中处理协议》，全区年产311.88吨医疗废物全部实现集中收储、集中转运和规范处理①。

保护水体不受病毒污染。确保水环境安全是此次防疫工作的重点，要防止各类地表水和地下水受携带病毒的医疗污水、生活污水和医疗废物的污染。

创造安全空气环境。空气杀菌消毒是指对空气中的微生物、细菌进行消毒处理。新冠病毒可能通过气溶胶传播，因此要加强对医院、隔离场所等病毒密集区空气进行致病微生物检测，并开展相应的消毒杀菌工作。

四、伙伴关系方面

面对新冠肺炎疫情全球大流行的冲击，中国坚定支持多边主义，坚持开放包容，互联互通，携手各国团结一致应对疫情，确保对外投资贸易合作平稳发展，积极推进国际减贫领域合作，以坚定信心和实际行动践行着推动构建人类命运共同体的庄严承诺。

---

① 蓟州区全力做好医疗废物管理打造绿色安全医疗卫生环境，http：//www.tj.gov.cn/sy/zwdt/gqdt/202009/t20200921_3734726.html。

中国始终秉持构建人类命运共同体理念，既对本国人民生命安全和身体健康负责，也对全球公共卫生事业尽责。为推进全球抗疫合作，我宣布：

——中国将在两年内提供 20 亿美元国际援助，用于支持受疫情影响的国家特别是发展中国家抗疫斗争以及经济社会恢复发展。

——中国将同联合国合作，在华设立全球人道主义应急仓库和枢纽，努力确保抗疫物资供应链，并建立运输和清关绿色通道。

——中国将建立 30 个中非对口医院合作机制，加快建设非洲疾控中心总部，助力非洲提升疾病防控能力。

——中国新冠疫苗研发完成并投入使用后，将作为全球公共产品，为实现疫苗在发展中国家的可及性和可担负性作出中国贡献。

——中国将同二十国集团成员一道落实“暂缓最贫困国家债务偿付倡议”，并愿同国际社会一道，加大对疫情特别重、压力特别大的国家的支持力度，帮助其克服当前困难。

——2020 年 05 月 18 日，国家主席习近平
在第 73 届世界卫生大会视频会议开幕式上的致辞

为继续支持全球团结抗疫：

——中国将在未来 3 年内再提供 30 亿美元国际援助，用于支持发展中国家抗疫和恢复经济社会发展。

——中国已向全球供应 3 亿剂疫苗，将尽已所能对外提供更多疫苗。

——中国支持本国疫苗企业向发展中国家进行技术转让，开展合作生产。

——中国已宣布支持新冠肺炎疫苗知识产权豁免，也支持世界贸易组织等国际机构早日就此作出决定。

——中国倡议设立疫苗合作国际论坛，由疫苗生产研发国家、企业、利益攸关方一道探讨如何推进全球疫苗公平合理分配。

——2021 年 5 月 21 日，国家主席习近平
在北京以视频方式出席全球健康峰会时的讲话

采取系列行动支持全球抗疫。中国积极投身国内和全球抗疫，以实际行动践行人类命运共同体理念，展现了负责任的大国担当（表 3-4）。**一是**本着公开、透明、科学、负责的态度，最早向世界报告疫情，第一时间发布病毒基因序列等关键信息，坚定支持世卫组织发挥领导作用，向世卫组织和联合国全球人道主义应对计划提供资金援助。**二是**组织上百场跨国视频专家会议，毫无保留地与各国分享抗疫经验，开设向所有国家开放的新冠肺炎疫情防控网上知识中心，向全球公开发布 8 版诊疗方案、7 版防控方案。**三是**发起新中国成立以来规模最大的全球人道主义行动，向 150 多个国家和 9 个国际组织提供抗疫援助，为有需要的 34 个国家派出 36 支医疗专家组[①]。**四是**发挥最大医疗物资产能国优势，对外提供了 2 900 多亿只口罩、35 亿多件防护服、45 亿多份检测试剂盒[②]。**五是**践行中国承诺，将中国疫苗作为全球公共产品，加入世卫组织"新冠肺炎疫苗实施计划"，将中国疫苗作为国际公共产品优先向发展中国家提供，截至 2021 年 8 月已陆续向 105 个发展中国家和 4 个国际组织提供疫苗援助，为全球抗疫作出中国贡献。**六是**帮助发展中国家应对新冠肺炎疫情的经济社会影响，全面落实二十国集团"暂缓最贫困国家债务偿付倡议"，截至 2020 年底，中国是缓债金额最大的国家；向 IMF 防灾救济基金等抗疫基金项目提供 558 万 SDR 资金支持，协助 IMF 支持低收入国家应对疫情和实现债务可持续。

表 3-4　中国对其他国家抗击新冠肺炎疫情的援助行动

援助项目	具体内容
提供医疗援助物资	共向 150 多个国家和 9 个国际组织提供了检测试剂、口罩、医用手套、呼吸机、防护服、隔离眼罩、医用鞋套、红外测温仪等防疫物资和支持。
派遣医疗专家组	为有需要的 34 个国家派出 36 支医疗专家组。专家团队不顾个人安危，奔走在抗疫一线，毫无保留地为当地提供疾病防控、临床诊疗、社区管理等方面指导和咨询。

① 王毅谈 2020 年中国外交：抗疫国际合作有声有色，https：//www.chinanews.com.cn/gn/2020/12-11/9359695.shtml。

② 中国国际发展知识中心，《中国落实 2030 年可持续发展议程进展报告》。

（续）

援助项目	具体内容
加快公共卫生基础设施建设	加快推进公共卫生基础设施项目施工。非洲疾控中心总部项目于 2020 年 12 月提前开工，毛里塔尼亚国家医院传染病专科门诊楼、多米尼克中多友好医院专家宿舍楼等项目提前竣工并移交使用，满足了当地急迫的抗疫需要；帮助巴基斯坦等国建设临时隔离医院，为这些国家抗击疫情提供保障。
支持国际多边平台和机构应对疫情	积极响应联合国和世界卫生组织筹资呼吁，向世界卫生组织提供 5 000 万美元现汇援助；宣布向联合国新冠肺炎疫情全球人道主义应对计划提供 5 000 万美元支持；在亚洲开发银行中国减贫与区域合作基金中指定 1 000 万美元、向国际原子能机构捐赠价值 200 万美元物资，专门用于抗击疫情项目；同联合国合作在华设立全球人道主义应急仓库和枢纽。
帮助困难国家应对债务挑战	同二十国集团一道落实“暂缓最贫困国家债务偿付倡议”；在中非合作论坛框架下免除有关非洲国家截至 2020 年底到期的对华无息贷款债务。

确保对外投资贸易合作平稳发展。新冠肺炎疫情暴发以来，中国政府积极作为，统筹推进疫情防控和经济增长，在快速控制阻断疫情扩散的同时，采取了一系列助企纾困、促进就业、提振消费的政策举措，国内宏观经济在逆境中逐步向好，稳步回升，成为 2020 年全球唯一实现经济正增长的主要经济体，为中国企业开展对外投资合作带来实力保障和信心支持。在政策层面，国务院先后出台多轮稳外贸政策措施，涵盖出口退税、出口信用保险、新业态、加工贸易、出口产品转内销等内容，各地方也出台了一系列配套举措，助企纾困，有力提振了市场信心。在传统服务贸易领域，中国同“一带一路”沿线国家（地区）间的服务贸易与合作转向线上，跨境远程医疗服务、信息技术服务等知识密集型服务贸易高速增长，服务贸易结构有所改善。此外，在促进与“一带一路”沿线国家的贸易发展方面，中欧班列联通欧亚 20 多个国家 100 多座城市，在疫情期间发挥重要的物流通道作用，为稳定国际产业链供应链作出了突出贡献①。

积极推进国际减贫合作交流。面对新冠肺炎疫情对全球减贫合作形成的冲击，中国有效地推进精准扶贫政策，在实现自身减贫的同时，积极参与全球贫困治理，不断深化减贫领域交流合作，推动建立以相互尊重、合

① 中华人民共和国商务部，中国对外投资合作发展报告 2020 [R]. 北京：中华人民共和国商务部，2021.

作共赢为核心的新型国际减贫交流合作关系，携手增进各国人民福祉。例如，在亚洲地区，中国与东盟国家共同开展乡村减贫推进计划，在老挝、柬埔寨、缅甸三国乡村基层社区实施“东亚减贫示范合作技术援助项目”。在非洲，中国为当地援建的基础设施项目持续推进，南苏丹宫颈疾病筛查中心交付使用，布隆迪农业技术示范中心项目有序推进。此外，通过搭建线上平台、组织培训、智库交流等多种形式，开展减贫交流，分享减贫经验。中国发起中国-东盟社会发展与减贫论坛、人类减贫经验国际论坛，举办“中国和非洲：减贫与可持续发展”交流会、“摆脱贫困与政党的责任”国际理论研讨会、改革开放与中国扶贫国际论坛等一系列研讨交流活动①。

五、脱贫攻坚与乡村振兴

2020 年初，疫情大面积暴发时，按照“两不愁三保障”脱贫基本标准，全国“两不愁”已全部实现，“三保障”即教育、医疗、住房三个领域重点任务基本实现清零达标，而且疫情对这些领域脱贫成果的巩固提升影响较小，当时收入达标问题仍是贫困群众脱贫、贫困地区摘帽的主要制约因素。中国建档立卡贫困人口中 2/3 以上主要靠外出务工和产业脱贫（米宏清，2020），突如其来的新冠肺炎疫情对农村贫困人员外出务工、带贫企业复工生产、基础设施项目建设推进等带来极大的冲击和挑战（燕连福、李怡莎，2020）。可见，这次疫情最大的影响恰恰就在于对贫困群众增收、稳收带来冲击。

为统筹做好疫情防控和推动经济社会发展，2020 年 2 月，国务院扶贫开发领导小组印发《关于做好新冠肺炎疫情防控期间脱贫攻坚工作的通知》，要求一手抓疫情防控，一手抓脱贫攻坚，坚决打赢疫情防控阻击战和脱贫攻坚战。

（一）就业方面，通过点对点的方式，组织贫困劳动力返岗就业，同时以多种形式，促进就地就近就业

问题：疫情对减贫工作的重要影响是冲击了贫困人口以及刚脱贫人口

① 中华人民共和国国务院新闻办公室．人类减贫的中国实践［R］．北京：中华人民共和国国务院新闻办公室，2021.

的外出务工收入。工资性收入是中国农村贫困人口收入的重要组成部分，国家统计局结果[①]显示，2019 年，贫困地区农村居民人均工资性收入 4 082 元，比上年增长 12.5%，工资性收入对贫困地区农村居民增收的贡献率为 38.0%。根据国务院扶贫办统计，2019 年，全国有 2 729 万建档立卡贫困劳动力在外务工，占建档立卡贫困人口的 2/3，而这些家庭又有 2/3 以上的收入来自外出务工。外出务工收入是贫困户增收的主要来源。由于疫情防控叠加国际贸易恶化，有关工业及服务业部门停工或延期开工，使得贫困人口的外出务工收入锐减、不稳定性激增。截至 2020 年 3 月，全国 25 个省已经外出务工的贫困劳动力只有 2 000 多万，比 2019 年少 500 万。疫情期间，湖北等疫情重灾区省份的农民工复工复产率低，更是加大了这些地区农村新脱贫人口的返贫风险。

策略：中国抓住重大项目建设和企业复工复产的时机，摸清贫困劳动力的基本情况，根据联防联控机制的统一部署，按照“分批有序错峰”的要求，优先组织贫困劳动力返程返岗和外出务工，特别是做好挂牌督战县贫困劳动力就业工作。利用东西部扶贫协作等工作机制，加强输出地和输入地有效对接。利用扶贫车间、公益岗位等，促进贫困人口就近就地就业。结合规范村级光伏扶贫电站的收益分配开发公益岗位，妥善安置因疫情暂时无法外出务工的贫困劳动力[②]。

一方面，通过一系列举措推动贫困群体的转移就业、外出务工，包括摸清务工需求、安排培训、组织点对点的劳务输出、落实对用工企业和中介服务机构的财政与金融激励政策，以及对接重大项目工程和重点企业优先录用贫困地区劳动力。

劳务输出地和输入地加强精准对接。湖南省强化与“长三角”“珠三角”等地的劳务对接，组织输出贫困劳动力 89.9 万人。针对农民工外出返岗困难，多地成立工作专班，采取包车、包机、专列、专厢等“一站送达”方式，实现“点对点”精准输出，保障农民工安全、快捷返岗就业。浙江多地组织专车到云南接务工人员返岗，滇粤携手开行多趟免费返岗专

① 2019 年贫困地区农村居民收入情况，http://www.gov.cn/xinwen/2020-01/23/content_5471871.htm。

② 国务院扶贫开发领导小组印发通知 强调做好新冠肺炎疫情防控期间脱贫攻坚工作，http://news.cnr.cn/dj/20200213/t20200213_524973543.shtml。

列。云南省人社厅还往劳动力输入集中地区派“就业特派员”，重点帮助广大劳动力特别是贫困劳动力就业上岗。

重大项目开工也优先聘用贫困劳动力。优先支持贫困劳动力务工就业，在企业复工复产、重大项目开工、物流体系建设等方面优先组织和使用贫困劳动力。中国华电集团公司贵州公司构皮滩发电厂复工以来，共提供超过 200 个就业岗位，为当地贫困户创造就业机会。该公司还在对口帮扶村和周边农村招聘具有一定知识水平的贫困户到厂进行技术培训，然后为他们提供合适的就业岗位。

另一方面，拓宽就地和就近就业的形式，包括四个一批项目，支持当地扶贫车间、扶贫龙头企业复工复产，支持创业致富带头人带动贫困劳动力就业创业，开发扶贫公益岗位、推动涉农项目开展以工代赈等。其中扶贫岗位开发提出了“三个百万”的就业目标，即提供一百万个生态护林员岗位、一百万个利用光伏扶贫收益开发的岗位以及一百万个护路员、保洁员岗位。

因疫情无法返岗的农民工就地就近就业。利用扶贫车间、公益岗位促进贫困人口就近就地就业，安置因疫情无法外出务工的贫困劳动力。四川省通过给予一次性吸纳就业补贴，鼓励中小企业、农民专业合作社、农村电商等生产经营主体吸纳因疫情无法返岗的农民工；通过开发临时公益性岗位，对因疫情无法返岗的农民工进行兜底安置[①]。对于暂时难以外出且有就业意愿的贫困劳动力，海南省积极发动本地企业、合作社、农业基地、村集体企业等开发一批就地就近就业岗位，并在农产品采摘、分拣、装卸、运输等环节优先使用本地贫困劳动力；协调解决贫困劳动力到居住地周边企业务工通行障碍问题[②]。

“三个百万”扶贫公益岗位建设也取得很大进展。中西部 22 个省份扶贫公益岗位安置了近 500 万贫困人口，其中护林员 122 万人、护路员 30 万人、保洁员 138 万人、护水员近 17 万人、护理员近 6 万人、村务管理员 34 万人，其他 131 万人。光伏扶贫资金提供的公益岗位约为 124 万个，吸纳贫困人口 122 万人。中西部 22 个省份的扶贫龙头企业 29 449 个，复

① 疫情期间“稳就业”四川：支持农民工就地就近就业，https://baijiahao.baidu.com/s?id=1659474445792813810。

② 海南 15 条措施缓解疫情对脱贫攻坚影响，https://ishare.ifeng.com/c/s/7tyYGyDhzxh。

工率达98%，吸纳贫困人口就业83.15万人。根据国务院扶贫办数据，截至2020年9月4日，中西部已有扶贫车间31 441个，复工率达99.7%，吸纳贫困人口就业41.36万人。

在一系列推动贫困群体务工就业的政策组合拳下，截至2020年7月31日，25个省份已外出务工贫困劳动力2 800多万，是2019年外出务工人数的105%。东部较发达的9省市吸纳中西部地区贫困劳动力近700万，是2019年吸纳人数的85%。

（二）消费扶贫方面，通过国家及地方层面的政策支持，社会各界创新参与，推动解决农产品销售的问题，帮助贫困群体恢复及增加经营性收入

问题：疫情影响了贫困人口的经营性收入。贫困地区传统的种养业受到交通封锁和市场萧条的影响，产生了进购难、运输难、销售难的现象，贫困地区农用物资暂时运不进来，农畜牧产品一时卖不出去，生产和消费下降影响产业扶贫增收，许多产品的销量和价格都出现了双下滑，加大了农户生产经营的困难。

策略：

为解决农村贫困户购物难的问题，国务院扶贫开发领导小组要求各地“做好春耕备耕工作，组织做好种苗、农资供应，确保农业生产不受影响”。中华全国供销合作总社对各级供销社发了“动员令”，要发挥物流优势，打通“最后一公里”，将优质农资送到贫困户手中。

为解决扶贫产品运销难的问题，在国家层面，出台了一系列金融政策、物流政策和绿色通道政策，重点支持扶贫产品的生产、储存、运输和销售等环节。在地方层面，则对各类市场主体加工、运输、销售扶贫产品以及销售平台的地区落地给予政策支持。各地还不断推陈出新，抗疫中社会各界群体参与直播带货以及贫困地区产品成为网红产品的现象比比皆是。

1. 采购贫困地区农副产品的政府采购模式

财政部、国务院扶贫办联合印发《关于运用政府采购政策支持脱贫攻坚的通知》，要求各级预算单位预留一定比例食堂食材采购份额，优先采购贫困地区农副产品。政策主要包括以下三方面内容：一是聚焦精准扶贫。支持政策限定在832个国家级贫困县县域内注册企业、合作社、家庭农场等出产的农副产品。二是强调成本效益。对预算单位预留的采购份额不作强制要求，由各单位自行确定，并要求遵循“就近、经济”的原则购买贫困地区农副产品。三是加强产销对接。搭建网络销售平台，为贫困地区农副产品提供高效便捷的产销渠道。

2. 利用东西部协作扶贫机制推动西部贫困地区农副产品销售至东部较发达地区的东西协作模式

广东省加大帮扶力度，加温鼓励，建立广东东西部扶贫协作产品交易市场，旨在做大做强消费扶贫，进一步深化拓展东西部扶贫协作和对口支援工作。广东东西部扶贫协作产品交易市场位于广州百艺城广场，建筑面积5万多平方米，还有可供经营广场空地约35 000平方米，将设置冷链服务中心、生活体验中心、电商平台、采购联盟、金融服务、质量检测等配套服务，并计划设立线上专区、专柜、专馆，实现线上线下同步经营。市场主要提供给广西、四川、云南、贵州、新疆、西藏、重庆、黑龙江等8省区市广东省东西部扶贫协作和对口支援贫困地区，以及广东省21个地级以上市经营特色扶贫产品，所有铺面三年免租金。

南京市承担陕西商洛市、青海西宁市、新疆伊宁市等8个地区的对口帮扶支援合作工作任务。按照省财政厅的要求，各预算单位2020年采购贫困地区农副产品的比例原则上均不得低于2019年度本单位食堂农副产品采购总额的10%。采购扶贫农副产品，不仅可以扶贫，也丰富了食堂的菜种。南京市市级机关综合事务管理服务中心与陕西商洛市建立了战略合作协议，优先采购商洛地区农产品，截至2020年10月，已采购6万千克64万元农产品，并鼓励机关干部了解商洛走进商洛，积极参与消费扶贫。

3. 激励各类市场主体参与、主要通过各类网络平台销售贫困地区产品的市场参与模式

一方面激励各类市场主体参与，各级机关、国有企事业单位、金融机构、大专院校、城市医疗及养老服务机构等要带头参与消费扶贫，在同等条件下优先采购贫困地区产品；鼓励民营企业以及行业协会、商会、慈善机构等社会组织和个人，发挥各自优势，积极履行社会责任，采取“以购代捐”“以买代帮”等多种方式，不断扩大贫困地区产品和服务消费。另一方面畅通消费扶贫渠道，通过线上大力发展农村电商，线下开展形式多样的农产品产销对接等途径，拓宽农产品销售渠道；通过支持贫困地区建设物流基础设施，完善流通服务网络，打通农产品上行“最后一公里”等，力求减少农产品销售中间环节，实现生产、流通、消费多方共赢。

到2020年7月底，中西部22个省共认定76 152个扶贫产品，较2020年3月6日增加63 346个，全年可提供商品价值总量8 003.79亿元，已销售1 027.01亿元，东部9省市消费扶贫产品金额达264.35亿元，推动了贫困群体农产品经营收入的恢复和提升。

（三）扶贫项目复工方面，增大扶贫专项资金拨发的力度，通过相关复工复产政策支持开展针对性帮扶，对扶贫项目开工复工实时跟踪进展

问题：由于疫情防控对人流物流交通运输的限制，许多扶贫项目处于停工或开工不足状态，无法按计划推进。扶贫车间受疫情影响多数停工停产，线下职业技能培训暂停，产业扶贫项目基本停滞。由于疫情影响了物资采购、运输和现场施工，未摘帽县的易地扶贫搬迁安置及后续帮扶受到影响，饮水安全工程、农村道路等项目存在开工不足的问题，无法按计划推进。东西扶贫协作、对口帮扶以及万企帮万村等涉及人员、物资流动的扶贫协作工作也难以正常开展。一些疫情严重的地区，挂职干部和驻村工作队暂时无法到岗，在岗人员也无法像往常一样进村入户帮扶。据国务院联防联控机制2020年4月1日数据显示，中西部22个省份37万个扶贫项目的开工率只有60%，远低于全国规模以上工业企业同期98%的开工率。

策略：

增大扶贫专项资金拨发的力度。2016年至2020年，连续5年每年新增中央财政专项扶贫资金200亿元，2020年累计达到1 461亿元。同时，通过城乡建设用地增减挂钩节余指标跨省域调剂政策，筹资1 896亿元，全部用于支持脱贫攻坚和乡村振兴。通过贷款贴息、风险补偿，引导金融机构投放扶贫小额信贷6 000多亿元。

通过相关复工复产政策支持开展针对性帮扶。疫情期间，国家致力于鼓励重点企业优先录用贫困劳动力、鼓励贫困劳动力就近就业、在贫困劳动力返岗过程中有序地控制、按时发放失业参保农户的补助金、开展劳动技能线上培训工作。

在保证疫情可控的前提下，有序恢复涉农产品正常交易。加快物流企业复工步伐，维持乡村物流畅通，保障各类生活必需品优质足量配送，促进农产品进入城内市场买卖，减轻贫困地区农户因疫情导致的损失。全力做好各类农副产品生产供应，对运送生产生活必需品的车辆开通绿色通道，保障贫困户日常所需，确保优质足量且价格维持在稳定水平。加大对扶贫龙头企业、合作社的金融支持力度，力争其有足够资金进行下一步的生产与发展。

在支持脱贫攻坚方面采取诸多税收优惠，主要有支持贫困地区基础设施建设、推动涉农产业发展、激发贫困地区创业就业活力、推动普惠金融发展、促进“老少边穷”地区加快发展、鼓励社会力量加强扶贫捐赠等 6 方面优惠政策。例如，对农田水利、农村饮水安全工程等建设运营给予税收减免；实施“公司+农户”经营模式减免增值税和企业所得税、农林牧渔项目减免企业所得税等一系列税收支持政策；实施小微企业普惠性税收减免，加大重点群体创业就业税收优惠政策力度，特别是将建档立卡贫困人口纳入税收优惠政策适用范围。

创新帮扶方式，加大帮扶力度。在疫情高风险地区，各级帮扶人员要改变传统进村入户帮扶方式，尽可能通过电话、短信、微信等方式，加强与低收入农户联系，及时了解贫困群众在疫情防控中存在的困难和诉求，切实予以帮助解决。在中低风险地区，在加强个人防护的基础上，尽可能到岗到位，认真做好因病致贫返贫群众的帮扶工作，巩固提高脱贫成果。

支持扶贫项目开工复工，实时跟踪进展。在落实疫情防控措施前提下，支持和推动扶贫龙头企业、扶贫车间等扶贫项目开工复工，实时跟踪项目进展，最大限度减少疫情对工期的影响。一时达不到开工复工要求的，积极采取措施，提前备工备料，运用现代化技术手段开展扶贫项目设计、评审等项目实施前期各项准备工作。采取以工代赈方式，组织贫困劳动力参与扶贫项目建设。提高工作效率，加快建设进度，小微扶贫项目可以按规定程序实行“一事一议”。

（四）疫情对深度贫困地区及贫困边缘人群产生了极大的冲击，针对深度贫困地区开展挂牌督战，针对贫困人口和边缘贫困群体建立防止返贫监测及针对性的帮扶机制

问题：疫情不仅影响到未摘帽的贫困县，对已摘帽的贫困县也影响很大；不仅影响到贫困农户，也很大程度上冲击了贫困边缘群体，包括已经

脱贫和一直处于贫困线之上的，但生产基础相对薄弱、生活较为困难，存在较高返贫和致贫风险的农民。据统计，约有200万人存在返贫风险、300万人存在致贫风险，贫困边缘群体约有500万人①。

策略：

针对深度贫困地区实施挂牌督战。截至2020年3月时，全国还有52个县仍属国家贫困县序列，这52个县分布于广西、四川、贵州、云南、甘肃、宁夏、新疆七省份。为保证如期按时完成脱贫攻坚目标，国务院扶贫办对这52个国家贫困县和1 113个贫困户聚集且深度贫困的村镇进行挂牌督战。确保当地政府及当地扶贫工作人员全身心投入扶贫事业，最小化疫情对脱贫攻坚的影响，一手抓疫情防控一手抓脱贫攻坚，两手都要抓并且都要硬。一次性安排综合性财力补助资金300亿元，支持补齐挂牌督战地区脱贫攻坚短板弱项。

针对贫困人口和边缘贫困群体建立防止返贫监测及针对性的帮扶机制。国务院扶贫办在建档立卡贫困户系统的基础之上开展了动态监测管理。2019年底，已经摸底出已脱贫但不稳定户的200万人及收入略高于扶贫标准的边缘贫困户300万人，并开始对不同的群体落实不同的帮扶政策。对于具备发展条件和有劳动能力的监测对象，安排财政专项扶贫资金，对其申请的扶贫小额信贷予以贴息，使其享受跟建档立卡贫困户一样的政策。同时也支持这部分人群参加劳动技能、经营技能等各类培训，并通过村内扶贫公益岗位以及劳务输出等形式促进其就业。对于受疫情影响致贫或返贫的建档立卡贫困人口则及时纳入低保、特供特养、临时救助等保障性政策覆盖范围。

（五）推进巩固拓展脱贫攻坚成果与乡村振兴有效衔接，合理把握调整节奏、力度、时限，设置五年过渡期，逐步实现由集中资源支持脱贫攻坚向全面推进乡村振兴平稳过渡

问题：从贫困发生的客观规律而言，消除农村绝对贫困并不意味着贫困的最终解决。正如习近平同志所指出的“脱贫摘帽不是终点”，农村绝对贫困问题解决之后推动乡村振兴工作并不意味着不再推动扶贫工作，就大多数乡村特别是脱贫摘帽地区而言，扶贫工作不会终止，还要在疫情防

① 《亚洲减贫报告2020》专题研究报告第五章第一节——抗疫扶贫的中国实践，节选。

控常态化基础上，推动脱贫攻坚与乡村振兴的有效衔接。

策略：

全力推进美丽宜居乡村建设，谋划布局实施乡村振兴战略。中国深入实施村庄清洁行动，制定完善农村厕所革命、生活污水和生活垃圾治理相关标准规范，农村人居环境整治三年行动方案目标任务顺利完成，农村卫生厕所普及率超过68%，农村生活垃圾进行收运处理的行政村比例超过90%。强化水电路等农村基础设施短板领域和薄弱环节建设，推动农村公共基础设施管护体制改革。完成新一轮农网改造，能源普遍服务水平大幅提升。

设置五年过渡期，实现脱贫攻坚同乡村振兴有效衔接。经过全党全国各族人民共同努力，中国脱贫攻坚战取得了全面胜利。为实现巩固拓展脱贫攻坚成果同乡村振兴有效衔接，党中央决定，脱贫攻坚目标任务完成后，对摆脱贫困的县，从脱贫之日起设立五年过渡期①。过渡期内要保持主要帮扶政策总体稳定，做到扶上马送一程。

2021年2月21日，2021年中央1号文件《中共中央 国务院关于全面推进乡村振兴加快农业农村现代化的意见》正式发布，这是21世纪以来第18个指导“三农”工作的中央1号文件②。对落实巩固拓展脱贫攻坚成果同乡村振兴有效衔接，中央1号文件提到，过渡期内保持现有主要帮扶政策总体稳定，并逐项分类优化调整，合理把握节奏、力度和时限，逐步实现由集中资源支持脱贫攻坚向全面推进乡村振兴平稳过渡，推动“三农”工作重心历史性转移。抓紧出台各项政策完善优化的具体实施办法，确保工作不留空当、政策不留空白。

六、小结

中国在疫情防控过程中反应迅速、全国动员、全面部署、集中力量办大事，坚持下好全国一盘棋，采取了最全面、最严格的防控举措。虽然国内个别地区聚集性疫情仍然存在，但中国整体的疫情传播基本阻断，取得

① 深刻认识设立5年过渡期的必要性，http：//www.china.com.cn/opinion2020/2020-12/31/content_77069018.shtml。

② 中央一号文件：设立5年过渡期，http：//www.liutong.org.cn/jinriyaowen/2021-02-22/52902.html。

阶段性胜利，这是中国政府准确客观地研判疫情形势，分级分区分类指导疫情防控工作，实施一系列针对性强、切实有效、严格的策略和措施的结果，也是全国人民全民团结、同舟共济、携手共同抗疫的结果。在这场新冠肺炎阻击战中，处处体现着中国国家制度和国家治理体系的显著优势，体现着中国特色社会主义制度优越性。在社会和经济领域，中国快速有效调动全国资源和力量，不惜一切代价维护人民生命安全和身体健康，全力推动复工复产，抓好“六稳”“六保”任务，为统筹疫情防控和经济社会发展作出了重要贡献，展现了中国强大的韧性。在环境领域，筑牢生物安全防线、加强医疗废物安全处置、保护水体不受病毒污染、创造安全空气环境等成为抗疫战役的重要组成部分。在伙伴关系方面，中国始终同各国紧紧站在一起，积极参与全球抗疫，持续开展对外贸易、减贫等领域合作，在磨难中秉持人类命运共同体理念战胜各种困难和挑战。在推进脱贫攻坚与乡村振兴方面，中国结合疫情和农村实际情况采取了就业帮扶、消费帮扶、针对性施策、有序安排过渡等措施，为其他国家提供了可供借鉴的经验和参考。

第四章 | CHAPTER 4

疫情对 2030 年可持续发展目标的影响趋势分析

本章对疫情对 2030 年可持续发展目标的影响趋势进行分析，主要基于文献研究的方法，根据一些社会组织、专家学者的预测结果，结合前文分析的疫情对 SDGs 已产生的影响情况，进一步分析未来疫情对 SDGs 的影响趋势。

第一节　社会方面

从社会组织、专家学者的预测来看，涉及人类生存和社会发展的相关可持续发展目标，如无贫穷、零饥饿、良好健康与福祉、优质教育、性别平等、经济适用的清洁能源等，如不采取快速、重大和实质性的政策措施，都无法在 2030 年按计划达成，甚至将无法重回疫情前实现 2030 年目标的轨道上。

1. 疫情使贫民窟居民的基本生活受到严重影响，使徘徊在极端贫困线附近的人群跌落线下，到 2030 年全球贫困率预计为 7%，无法达到消除贫困的目标

联合国《2020 年可持续发展目标报告》显示，全球超过 10 亿的贫民窟居民受到新冠肺炎疫情的严重威胁，他们的基本生活受到严重影响，缺乏住房、自来水、共用厕所，几乎或根本没有废物管理系统、公共交通过度拥挤，面对疫情的暴发，他们利用正规卫生保健设施的机会也非常有限。此外，对于徘徊在极端贫困线附近的人群来说，受到新冠肺炎疫情的冲击，面临收入损失、社会保障有限和物价不断上涨的困境，一些以前有保障的人也面临贫困的风险，可能跌落至极端贫困线下，2020 年全球约

1.2亿人重新陷入极端贫困，全球极端贫困人口因疫情近20年来首次上升①。美国华盛顿大学健康指标和评估研究所（IHME）的一项分析显示（图4-1），极端贫困人口不仅在2020年受到影响，在未来的几年内也会有小幅上升。这揭示出减贫进展的脆弱性，尤其是那些徘徊在极端贫困线附近的人群，虽然未被官方认定为贫困人口，但在突发事件面前不堪一击，且疫情的影响不会是短暂的，可能造成未来几年贫困人口的增长。根据世界银行的预测，到2030年，全球贫困率预计为7%（约6亿人），无法达到消除贫困的目标②。

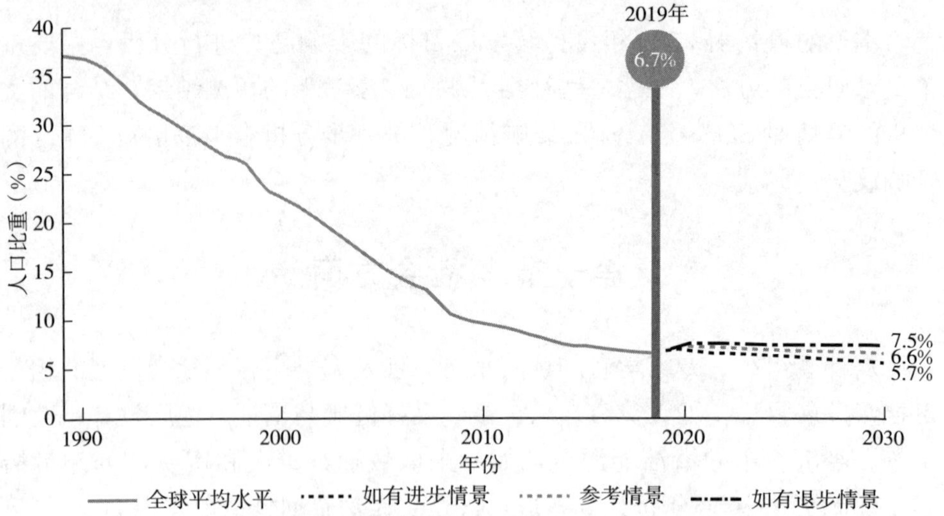

图4-1 低于国际贫困线（每天1.9美元）人口比重

资料来源：比尔及梅琳达·盖茨基金会，《2020目标守卫者报告：新冠肺炎 全球视角》。其采用的数据即美国华盛顿大学健康指标和评估研究所（IHME）数据。

2. 疫情加剧了粮食不安全和营养不良，到2030年全球预计有47个国家将无法实现低饥饿水平，约75%的国家无法实现发育不良儿童数量减半的目标

在过去几十年中，国际社会在减少全球饥饿和营养不良方面取得了重大进展，从2020年开始的新冠肺炎疫情大流行加剧了全球农业食品系统

① UN. The Sustainable Development Goals Report 2021 [R].

② 世界银行预测新冠肺炎疫情将加剧世界极贫人口增加，http://www.mofcom.gov.cn/article/i/jyjl/k/202011/20201103014225.shtml。

面临的挑战，加剧了世界许多地区的粮食不安全和营养不良情况。从2020年下半年到2021年3月，全球食品价格指数增长了27.3%以上。此外，由于许多人在新冠肺炎疫情期间失业，收入急剧下降，面临粮食危机和极端贫困的人数显著增加[①]。根据国际粮食政策研究所（International Food Policy Research Institute，IFPRI）发布的2021年全球饥饿指数（Global Hunger Index，GHI）来看，到2030年实现零饥饿的进展过于缓慢，显示出停滞不前甚至逆转的迹象。根据GHI对全球饥饿人口的预测[②]，到2030年，全世界特别是47个国家将无法实现低饥饿水平，其中28个国家位于撒哈拉以南的非洲，其余国家分布在南亚、西亚和北非、东亚和东南亚、拉丁美洲和加勒比。联合国粮农组织和农发基金等机构2021年的预测也支持了这些发现：考虑到新冠肺炎疫情大流行的影响，预计到2030年营养不良的人数将有6.57亿人（占世界人口的近8%），比没有暴发新冠肺炎疫情时的人数多出约3 000万人。

与此同时，全球也没有走上实现儿童营养可持续发展目标的轨道。到2030年，只有25%的国家有望实现发育不良儿童数量减半的目标，只有28%的国家有望实现将儿童消瘦减少到3%以下并保持这一水平（联合国儿童基金会、世界卫生组织、世界银行，2021b）。

3. 疫情导致卫生健康系统经历越来越多的资源限制和相互冲突，预估到2030年与实现全民健康保障的目标的差距较大，也无法按计划消除结核病等流行病

在全球范围内，对许多国家来说，自2010年以来，健康保障建设的进展速度有所放缓，最贫穷的国家和受冲突影响的国家通常落后最远[③]。加之新冠肺炎疫情大流行，卫生健康系统正经历越来越多的资源限制和相互冲突，90%的国家的基本卫生服务受到一次或多次中断影响，许多地区的卫生工作者供不应求[④]，对卫生健康的连续性改善提出了挑战。那些卫生健康系统较弱的国家面临着更大的挑战和困难。2020年全球数据显示

① 2021 China and Global Food Policy Report：Rethinking Agrifood Systems for the Post-COVID World.

② 2021 Global Hunger Index，Hunger and Food Systems in Conflict Settings.

③ World Health Organization. World Health Statistics 2021 [R].

④ UN. The Sustainable Development Goals Report 2021 [R].

(图 4-2)，全民健康覆盖（Universal Health Coverage，UHC）有效覆盖指数[①]为 57.5，预测到 2030 年，UHC 有效覆盖指数将达到 63.1，距离实现全民健康保障仍有较大的差距。

以结核病为例，根据世界卫生组织《2021 年全球结核病报告》，新冠肺炎疫情大流行扭转了多年来全球结核病防治工作的进展，结核病死亡人数十多年来首次增加。2020 年，死于结核病的人数比 2019 年多得多，恢复到 2017 年的水平，被诊断为结核病和接受结核病治疗或预防治疗的人数要少得多，基本结核病服务的总支出也有所下降[②]。在许多国家，人力、财力和其他资源已从处理结核病重新分配到 COVID-19 应对措施，限制了结核病基本服务的提供，根据目前趋势来看，到 2030 年无法按计划消除结核病等流行病[③]。

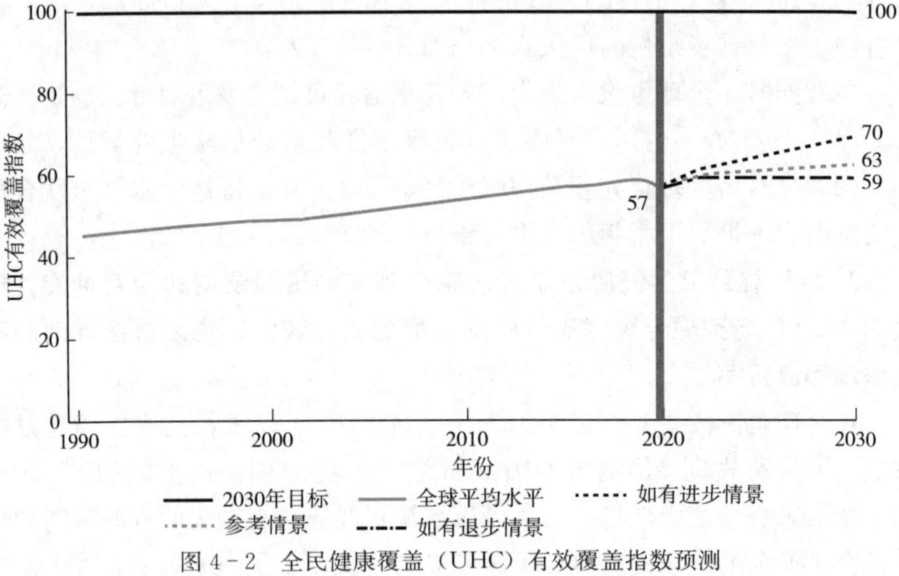

图 4-2　全民健康覆盖（UHC）有效覆盖指数预测

资料来源：比尔及梅琳达·盖茨基金会，《2021 目标守卫者报告：创新与不平等》。

① 全民健康覆盖（UHC）有效覆盖指数是由 23 个有效覆盖指标构成，涵盖整个生命过程的人口年龄组（孕产妇及新生儿、5 岁以下儿童、5～19 岁青少年、20～64 岁成人和 65 岁及以上成人）。这些指标按医疗健康服务领域分为几类：提升、预防、治疗、康复和缓解。

② World Health Organization. Global tuberculosis report 2021 [R].

③ 比尔及梅琳达·盖茨基金会 . 2021 目标守卫者报告：创新与不平等 [R]. 2021.

4. 儿童受教育情况受到疫情影响严重，尤其是边缘化群体[①]的学习损失最大，未来甚至要经历长达十年左右的时间才能恢复到疫情前实现2030年目标的轨道上

在新冠肺炎大流行之前，世界已经面临一场学习危机。新冠肺炎疫情发生前，低收入国家中有90%的儿童无法阅读和理解基本的文字，高收入国家中的这一比例仅为10%。在撒哈拉以南非洲，这个数字高达87%。资金短缺和学校关闭可能会加剧这类不平等，女童尤其会面临再也无法返校的风险。早期证据表明，边缘化群体的学习损失最大。富裕国家的教育差距也在不断扩大。以美国为例，三年级的非裔和拉丁裔学生的平均学习损失是白人和亚裔学生的两倍。高贫困地区学校三年级学生的学习损失是低贫困地区学校同年级学生的三倍[②]。根据比尔及梅琳达·盖茨基金会2020年《目标守卫者报告》的预测显示，孩子受教育情况受疫情影响情况非常明显，未来甚至要经历长达十年左右的时间才能恢复到疫情前实现2030年目标的轨道上（图4-3）。

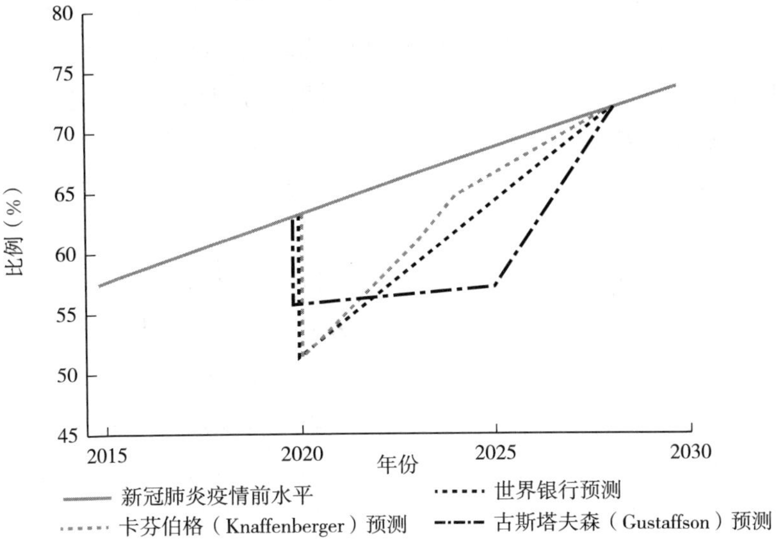

图4-3 预测小学毕业生阅读达到最低熟练水平的人数比例

资料来源：比尔及梅琳达·盖茨基金会，《2020目标守卫者报告：新冠肺炎 全球视角》。

---

① 联合国教科文组织发布的《2010年全民教育全球监测报告：普及到边缘化群体》中提出了一个新的概念："边缘化群体"，是指社会教育程度最低、"最底层的20%"人员。

② 比尔及梅琳达·盖茨基金会.2021目标守卫者报告：创新与不平等［R］. 2021.

虽然远程学习可以缓解这一危机，但是很多学生并不具备远程学习的条件。尽管我们并未掌握究竟有多少学生能够进行远程教育，但从一些数据中我们能窥见一斑。例如：在非洲，只有不到 1/3 的人口可以连接宽带服务。因此，当学生返校后，我们需要集中精力帮助他们迅速赶上进度。这意味着，我们要更加注重识字和算术等基本技能的教学，根据学生的知识范围量身定制教学计划，并为老师提供行之有效的教学方案。对于这些改变的需求已经存在许久。

5. 疫情导致妇女就业受到明显影响且贫困率上升，如果不立即采取改善行动，到 2030 年将无法改善妇女就业和贫困情况，并提振全球经济

妇女在就业方面面临着深刻的挑战，因为与以往的经济危机相比，新冠肺炎疫情影响到女性工人占很大比例的经济行业，如零售业、酒店业、食品服务业和服装业。事实上，从总体数据上看，在 2014 年至 2019 年的五年中，各年在实现工作和社会性别平等方面的进展相对持平，相当于基本没有进展。从麦肯锡全球研究所对两性平等指标的统计分析[①]来看，全球两性平等分数从 2014 年的 0.60 提升至 2019 年的 0.61（在 0 比 1 的尺度上，其中 1 表示男女完全平等），其中劳动力参与率（女性/男性）从 2014 年到 2019 年一直保持在 0.64，即女性参与劳动力的水平约为男性的 2/3，在疫情发生前的五年内几乎没有变化。从总体情况来看，各国和地区可能差异很大。例如，印度过去五年来女性劳动力参与率略有下降，而印度尼西亚则略有增加。

从麦肯锡全球两性平等及其对全球经济贡献的模拟估计结果（图 4 - 4）来看，如果“不采取任何行动”，到 2030 年，劳动力参与率（女性/男性）将较 2019 年下降 0.03 个百分点，降至 0.61，且对提升全球 GDP 没有任何作用，甚至会有更糟的结果，因为长期缺乏就业参与的女性可能会失去重返劳动力市场所需的技能；如果“迟疑观望中采取行动”，到 2030 年，劳动力参与率（女性/男性）将较 2019 年提升 0.03 个百分点，增至 0.67，且对提升全球经济来说可能创造 8 万亿美元的 GDP；如果“立即采取行

① 麦肯锡全球研究所自 2015 年以来开展两性平等统计分析工作，这项研究主要了描绘了四个类别（工作平等、基本服务和经济机会的推动者、法律保护和政治发言权以及人身安全和自主性）的 15 项两性平等指标，最终统计得出一个两性平等分数。https：//www.mckinsey.com/featured-insights/future-of-work/covid-19-and-gender-equality-countering-the-regressive-effects。

动”，到 2030 年，劳动力参与率（女性/男性）将较 2019 年提升 0.07 个百分点，增至 0.71，且对提升全球经济来说可能创造 13 万亿美元的 GDP。由此可见，投资于妇女和女童是改善两性平等和推动包容性经济增长的重要机会。

与此同时，妇女和女童处于应对这一流行病的第一线，在应对疫情的卫生和社会保健工作人员中，妇女占 70%，这增加了妇女感染的风险并可能对她们的健康和安全产生其他的不利影响。新冠肺炎疫情将使妇女和女童陷入极端贫困，使她们的贫困率从 2019 年的 11.7%上升到 2021 年的 12.5%（男性的这一比例则从 11.3%降至 12.1%），疫情对妇女和女童贫困的影响，可能要到 2030 年才能恢复到大流行前的水平①。

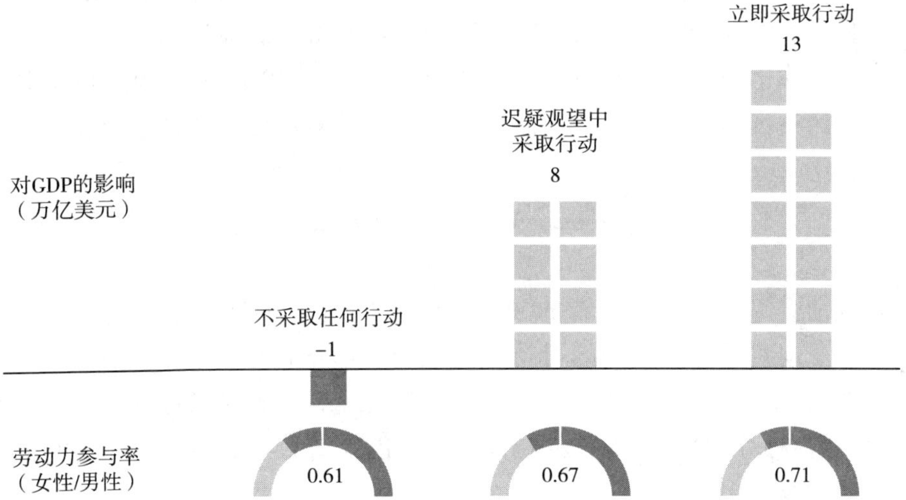

图 4-4　全球两性平等及其对全球经济贡献的模拟估计结果

资料来源：麦肯锡全球研究所．COVID-19 and Gender Equality：Countering the Regressive Effects［R/OL］. https：//www.mckinsey.com/featured-insights/future-of-work/covid-19-and-gender-equality-countering-the-regressive-effects.

6. 疫情影响了经济适用的清洁能源投资和获取，要想到 2030 年如期实现能源效率的全球目标，需要通过系统性的大量投资

疫情导致收入、能源投资、国际合作减少，极大延缓了人们获得可负

① UN Women，UNDP. Gender Equality and COVID-19：Policies and Institutions for Mitigating the Crisis［R］.

担、可靠和可持续的现代能源目标的实现进程。根据2030年的目标要求，以1990年至2010年期间的能源强度为基础，将能效改善率提高一倍。全球一次能源强度（定义为单位GDP的能源供应总量）从2010年的5.6兆焦耳/美元提高到2018年的4.8兆焦耳/美元，年增长率为2%，这远远低于达到目标所需的2.6%。因此，到2030年，能源密集度每年平均需要增长3%。在短期内，只有系统性地对成本效益高的能源效率改进进行大量投资，使能源效率继续提高，才能实现能源效率的全球目标。

就烹饪燃料使用情况来看，2010年，57%的全球人口使用清洁烹饪燃料和技术，2019年上升到66%。但在撒哈拉以南非洲，人口的增长超过了服务提供的增长，约85%的人口依赖于低效和危险的烹饪系统。大多数穷人依靠木材和木炭等有害和污染性燃料做饭，使他们特别容易感染新冠肺炎。与此同时，疫情及其导致的封锁有可能破坏清洁烹饪燃料推广进展。除非迅速采取应对行动，否则到2030年，全球1/3的人口仍将缺乏清洁的烹饪燃料和技术，从而导致健康受到不良影响和环境退化①。

第二节 经济方面

从社会组织、专家学者的预测来看，疫情对涉及产业发展、劳动就业、生产消费等经济相关的可持续发展目标，如体面工作、减少不平等、负责任的消费和生产及产业、创新和基础设施等，短期来看造成了明显的影响，但与此同时，技术和创新也展现出巨大潜力，对经济向好发展具有很强的支撑作用。

1. 疫情对经济和就业造成直接的显著影响，短期来看，造成的经济影响和劳动力市场危机情况有所改善，但由于疫情的不确定性，这些影响并未结束

从国际货币基金组织的预测来看，全球各国经济增长趋势的总体步调趋于一致，置身于国际的大循环中，疫情使各国经济在2020年出现不同程度的负增长（中国唯一正增长），但2021年和2022年的经济增速将会

① 奥利弗·斯通纳，杰西卡·刘易斯，伊泽尔·卢西奥·马丁内斯，等.1990年至2030年，全球和国家一级的家庭烹饪燃料估计值［J］. 自然-通讯，2021：12（1），DOI：10.1038/s41467-021-26036-x.

出现正向增长。从 2021 年 1 月发布的《世界经济展望》中可以发现，2020 年全球经济增速为−3.5%，各主要经济体的经济均出现不同程度的负增长（图 4-5）。此次疫情的发生，加剧了逆全球化的进程，对原有全球经济治理规则造成冲击。但随着新冠肺炎疫苗的上市和主要经济体防控措施的加强，2021 年和 2022 年世界各国的经济增速将会出现正向增长，全球各国经济增长趋势的步调基本一致。这说明了任何国家在新冠肺炎疫情下都不能独善其身，任何国家的疫情防控滞后和不足都会给其他国家的疫情防控带来负面影响。由此，人类命运共同体的意识在此次疫情中再一次得到强化，给未来全球治理模式提供了新的思路。

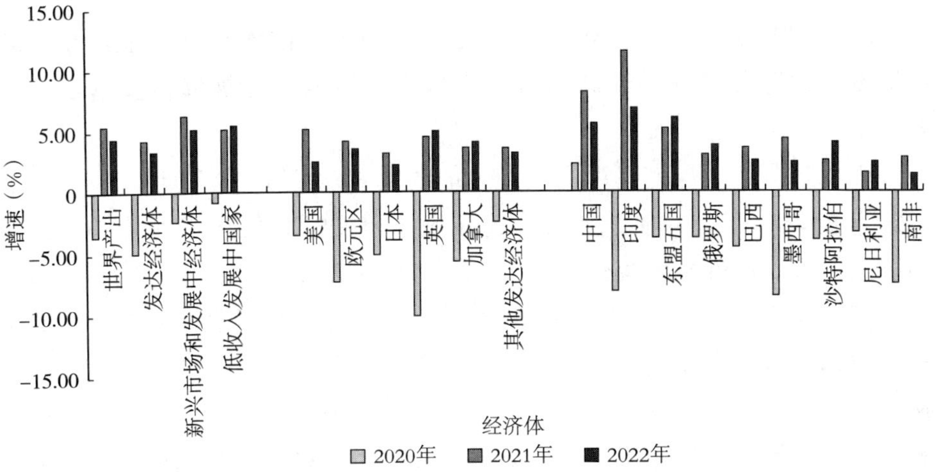

图 4-5 2020—2022 年全球主要经济体经济增速预测

资料来源：国际货币基金组织，《世界经济展望》，2021 年 1 月。

根据国际劳工组织的一项新评估[①]，新冠肺炎疫情大流行造成的劳动力市场危机远未结束，至少在 2023 年之前，就业增长将不足以弥补损失。国际劳工组织的《世界就业和社会展望：2021 年趋势》（WESO Trends）预测，全球危机导致的就业缺口将在 2021 年达到 7 500 万，到 2022 年将降至 2 300 万。据预测，疫情期间减少的工作时间，在 2021 年相当于 1 亿个全职工作的时间，在 2022 年相当于 2 600 万个全职工作的时间。就业

① https://www.ilo.org/global/about-the-ilo/newsroom/news/WCMS_794834/lang--en/index.htm。

和工作时间的短缺是危机前失业率居高不下、劳动力使用不足和工作条件差所导致的。因此，预计2022年全球失业人数为2.05亿人，大大超过2019年的1.87亿人，失业率相当于5.7%，不考虑COVID-19危机期，这种比率上一次出现是在2013年。

疫情也对青年和妇女就业造成了打击。2020年，全球青年就业人数下降了8.7%，而成年人的就业人数下降了3.7%，其中中等收入国家青年就业人数下降最为明显，并且这种后果可能持续数年；2020年，妇女的就业人数下降了5%，而男子的就业人数下降了3.9%，更多的妇女退出了劳动力市场，变得不活跃，疫情封锁加重了家庭责任，也造成了性别角色“重新传统化”的风险。

2. 疫情导致相关产业低迷、企业经营困难，技术和创新显示出了可持续发展的巨大潜力，到2030年，世界人工智能产业规模有望达到15.7万亿美元

全球制造业增加值占国内生产总值的比重从2019年的16.5%下降到2020年的15.9%，且制造业的增速缓慢。但疫情为促进工业化和为发展中国家带来开创性技术提供了机会。

到2030年，世界人工智能产业规模有望达到15.7万亿美元①，有证据表明，新冠肺炎疫情正在加速该领域创新的总体步伐。新冠大流行将加速人工智能在医疗保健领域的应用，人工智能进入医疗保健领域的速度可能比进入其他任何领域都更快。人工智能已经与机器人技术相结合，以创建能够与物质世界进行交互的自主系统，并被用于预测病毒的传播、监控感染率、进行接触者追踪，以及为经济重启相关政策提供决策依据。疫情还加速了聊天机器人等数字辅助设备的广泛应用，如在世界卫生组织（WHO）和美国疾控中心（CDC）网站上的医疗保健应用；银行和电子商务领域提供的电话银行服务PayPal（可以处理65%的客户咨询）；等等。研究人员还利用机器学习来识别病毒类型，从而及早地发现疾病。

3. 疫情使弱势群体遭遇更多不平等，预计疫情将使新兴市场和发展中经济体的平均基尼系数提高6%以上，对低收入国家和地区的影响预计更大

政府减少经济不平等的一些最有效机制是税收、现金和实物转移。税

① 普华永道，《抓住机遇——人工智能对您的业务的真正价值是什么？您如何利用它？》。

收和社会转移支付前后基尼系数的差异可作为衡量这些政策在重新分配收入和降低不平等性方面的有效性的标准。随着各国努力从新冠肺炎危机中复苏，这些财政政策应对措施的分配影响变得更加重要。根据国际货币基金组织的预测来看，相比过去发生的流行病，这场新冠肺炎疫情估计将对收入分配产生大得多的影响。另外，还有证据表明，对于新兴市场经济体和低收入发展中国家，它们自全球金融危机以来取得的进展可能会出现逆转。分析显示，新兴市场和发展中经济体的平均基尼系数将升至 42.7%（图 4－6），与 2008 年水平相当。低收入发展中国家受到的影响将更大，尽管它们自 2008 年以来的进展更为缓慢①。

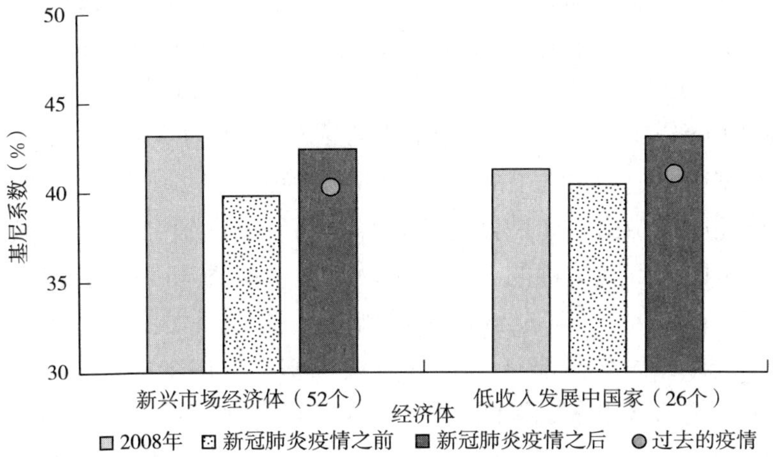

图 4－6　各类经济体基尼系数变化

资料来源：2020 年 10 月《世界经济展望》第一章专栏 1.2。

注：本图显示基尼系数为各组国家的简单平均值，样本国家的数目列在括号中，2008 年样本规模较小，因为可得数据有限，均衡样本的总体特征仍然相同。

第三节　环境方面

新冠肺炎疫情的大暴发及其对经济社会发展造成的创伤提醒我们，人类社会依赖于一个健康的地球来支撑健康的生命，让人类重新思考与自然

① https：//www.imf.org/zh/News/Articles/2020/10/29/blog-how-covid-19-will-increase-inequality-in-emerging-markets-and-developing-economies。

生态的关系，这是疫情为环境带来的积极影响。但从目前环境相关目标的进展情况来看，如清洁饮水和卫生设施、气候行动、水下生物、陆地生物等，若不加速推进，这些目标仍旧是没办法如期实现。

1. 疫情使得全球在水、卫生设施和卫生服务获得方面取得了一些进展，但从目前进展来看，若不加速推进，到 2030 年预计仍将有数十亿人无法获得安全饮用水和卫生设施

根据世卫组织和联合国儿童基金会的最新报告[①]，2020 年，大约 1/4 的人家中缺乏安全管理的饮用水，近一半的世界人口缺乏安全管理的卫生设施。由于新冠肺炎疫情迫切需要确保每个人都能获得良好的手部卫生，也使得国际社会在实现基本的饮用水、卫生设施和个人卫生服务普遍获得方面取得了一些进展，就在疫情暴发之初，全世界 30%的人不能在家里用肥皂和水洗手。2016 年至 2020 年，在家有安全管理饮用水的全球人口从 70%增加到 74%；获得安全管理的卫生服务的人口从 47%增加到 54%；在家用肥皂和水洗手的人口从 67%增加到 71%。

报告还明确指出，如果目前的趋势持续下去，到 2030 年，数十亿儿童和家庭可能得不到关键的、挽救生命的卫生服务，因此需要加快进展。如图 4-7 所示，关于基本饮用水的普及，要按照之前的进度（2015—2020 年），到 2030 年只能有 45%的人实现基本饮用水的普及，78%的人获得安全管理的饮用水。因此，要到 2030 年实现基本饮用水的普及，需要将目前的进展速度提高 4 倍，而实现普遍获得安全管理的饮用水目标将需要提速 23 倍。类似地，要实现 2030 年消除露天排便的目标，进展速度需要较 2015—2020 年提高 2 倍；实现基本卫生设施的普及需要提速 7 倍；实现获得安全管理的卫生设施进展需要提速 9 倍。同理，按照之前的进展速度，到 2030 年，生活在脆弱环境中的人口中只有 58%能够获得基本卫生服务，要如期实现卫生问题发展目标需要将目前的进展速度提高 5 倍。

① WHO，UNICEF JMP. Progress on Household Drinking Water，Sanitation and Hygiene 2000—2020：Five Years into the SDGs ［R］. 2021.

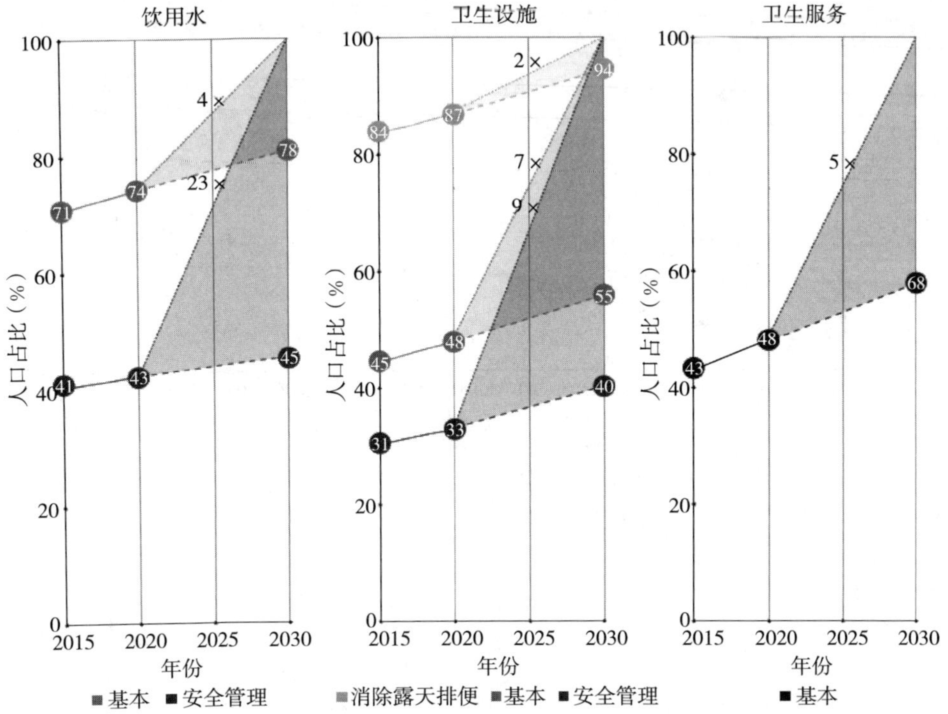

图 4-7　基于2015—2020年的进展预估到2030年如期实现目标所需的进展速度

资料来源：世界卫生组织、联合国儿童基金会，《2000—2020年家庭饮用水、环境卫生和个人卫生进展：可持续发展目标实施五年》。

2. 受疫情影响二氧化碳排放短暂下降，整体来看全球能源二氧化碳的排放仍处于稳步上升阶段，长期来看二氧化碳的排放将继续上升直至峰值

全球统计数据库（Statista）的统计结果（图 4-8）显示，自1990年以来，天然气、液化气和煤炭的能源相关二氧化碳排放量稳步增加。据预测，这些化石燃料的碳排放量在未来几十年将继续上升，到2050年将达到历史最高水平。天然气释放的二氧化碳排放量比煤炭少约50%，煤炭是污染最严重的化石燃料。全球的能源相关二氧化碳排放仍未达峰，还在上升阶段，纵然疫情隔离措施等在短时间来说有一定遏制全球气候变暖的作用（图 4-9），但对于长期来说，隔离政策的取消会让气候变化重新成为人们的担忧点，甚至会出现“报复性”的反弹。

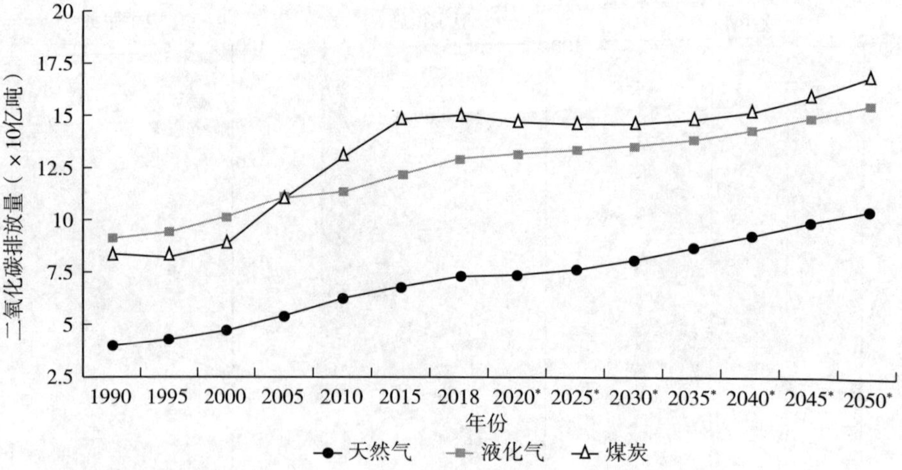

图 4－8　1990—2050 年全球能源相关二氧化碳排放量

注：年份后加星号表示该年数据为预测值。

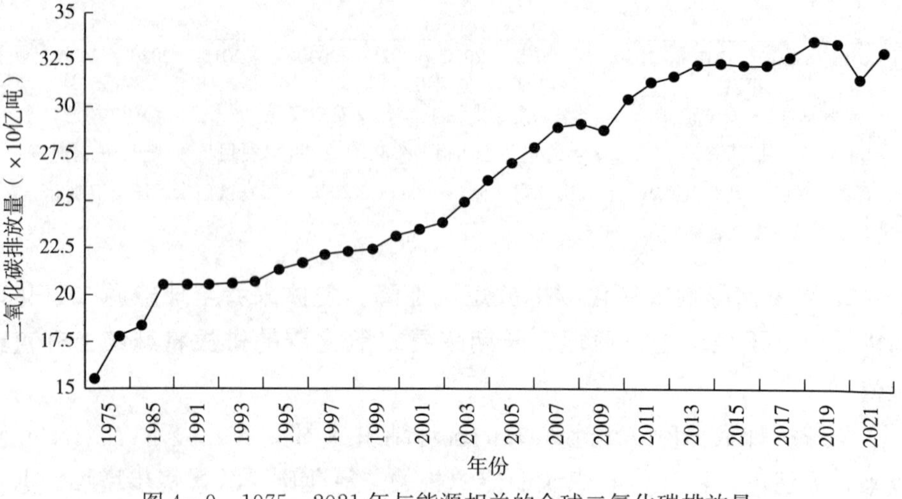

图 4－9　1975—2021 年与能源相关的全球二氧化碳排放量

3. 新冠肺炎疫情让人们重新思考与大自然的关系，考量生物多样性持续丧失和生态系统退化对人类生存和自身福祉产生的深远影响，保护和可持续利用生物多样性是整个 2030 年可持续发展议程的基础

生物多样性对于《2030 年可持续发展议程》至关重要，是目标 14（水下生物）和目标 15（陆地生物）的重点内容，也是许多其他目标的支撑因素。例如，它是目标 2（零饥饿）和目标 6（清洁饮水和卫生设施）

的一个关键因素。所有粮食系统都依赖生物多样性和各种生态系统服务如授粉、生物治虫和土壤肥力来支持农业生产。健康的生态系统还可保障供水和水质，防范水害和水灾。因此，保护和可持续利用生物多样性可以说是2030年可持续发展目标实现的一个基础（图4-10）。

可持续发展目标	生物多样性对可持续发展目标的影响	可持续发展目标对生物多样性的影响
目标1	✚ !	▽ ○
目标2	✚ !	▲ ▽ ○
目标3	✚ !	▽
目标4		▽
目标5		▽
目标6	✚ !	▲ ▽
目标7	✙	▲ ○
目标8	✙	▽ ○
目标9	✙	▽ ○
目标10		▽
目标11	✚ !	▲
目标12	✙	▲
目标13	✚ !	▲ ○
目标14	✚ !	▲
目标15	✚ !	▲
目标16		▽
目标17		▽

✚ 生物多样性的保护和可持续利用为SDG的实现做出直接贡献

✙ 生物多样性的保护和可持续利用为SDG的实现提供支持

! 生物多样性的下降危及SDG的实现

▲ SDG的实现为生物多样性做出贡献（直接减轻生物多样性所受压力）。“做出贡献”指的是这样一种关系：SDG的实现将直接减轻生物多样性受到的某项重大直接压力。

▽ SDG的实现有助于建立解决生物多样性问题的扶持性环境。“扶持性”指的是这样一种关系：SDG的实现将增进使生物多样性问题得以解决的环境。

○ 实现SDG和保护生物多样性有可能相互制约。“相互制约”指的是这样一种关系：如果既要实现SDG，又保护和可持续利用生物多样性，将需要选择特定的途径，以避免可能的冲突和尽量减少取舍。

图4-10　生物多样性与可持续发展目标之间的关系

资料来源：联合国生物多样性公约，第五版《全球生物多样性展望》。

第四节 伙伴关系方面

疫情等突发问题的发生，有利于伙伴关系的建立和巩固，寻求转型的多方利益相关者伙伴关系有助于在疫情期间推进可持续发展目标的进展。

我们还有不到十年的时间来实现 2030 年可持续发展目标，寻求转型的多方利益相关者伙伴关系可以帮助各主体了解何时何地需要伙伴关系以及如何更好地发挥伙伴关系作用和价值，汇集不同行为者的资源和知识，使他们的集体力量更加强大。

第五章 CHAPTER 5 研究结论与政策建议

第一节 研究结论

通过前文研究，主要得出以下结论。

一、社会方面

（1）从关乎人类生存的目标来看，疫情导致这些目标的进展停滞不前，甚至倒退，各国政府和国际社会通过采取紧急救助行动来缓解这一现象，这些举措力度空前，但有效覆盖率并不高，且大多数都是短期性的。

疫情破坏了关乎人类生存的可持续发展目标的进展，揭示了过去几十年中，全球在特殊困难群体生存权利保障、生活水平改善方面取得的进展是脆弱的。疫情暴发前，全球在减少贫困、解决饥饿、改善健康福祉等方面取得的进展，本就不足以支撑 2030 年可持续发展目标的实现，疫情暴发后，这些领域的进展停滞不前，甚至倒退，进一步偏离实现目标的轨道。为缓解这一现象，各国政府和国际社会积极采取紧急救助行动，包括直接提供基本生活物资、为贫困家庭发放现金、提供小额信贷支持农业生产、改善卫生基础设施等，力度空前。然而从全球整体来看，这些举措并没有有效覆盖所有困难群体，据联合国统计，2020 年 2 月 1 日至 12 月 31 日，全球的国家和地区针对新冠肺炎疫情，宣布了 1 600 多项新的社会保护措施，但全球受到至少一项社会保护待遇有效覆盖的人口只有 46.9%，在低收入国家这一指标表现更差，仅为 13.4%，而且这些举措中 94.7% 都是短期的，只为紧急应对疫情造成的不良影响和冲击。

（2）从关乎社会发展的目标来看，疫情改变了人们的生活、学习和工作的方式，阻碍了具有发展变革意义领域目标的前进步伐，暴露出社会发展方面的短板和脆弱性，改善公共服务、满足人类更好发展的需要成为各国关注的重要议题。

疫情及其封锁应对措施导致教育不平等和性别不平等持续扩大、清洁能源的投资合作减少、人类住区环境（尤其是贫民窟）和公共交通运行遭受严峻考验、武装地区斗争持续加剧等，给优质教育、性别平等、经济适用的清洁能源、可持续城市和社区及和平、正义与强大机构的实现增加了难度，限制了人类发展的空间。疫情暴发后，人类在社会发展方面取得的成果在这场严峻的突发公共卫生事件面前显得不堪一击。越来越多的国家开始积极反思并增加对社会发展性政策的关注，如发展信息通信设施和技术以推进教育改革，完善社区规划以改善公共卫生条件，推进绿色复苏等，如何更好地造福人类社会发展、提前做好危机应对准备成为摆在各国面前的重点议题。为此，各国政府还需进一步加强在社会发展方面的政策保障、资源投入和持续关注。

二、经济方面

（1）疫情导致全球经济增长速度严重下滑，受疫情影响的行业和无数中小微企业受到重创，全球失业人数大幅增加，各个国家通过财政支持、出台刺激消费举措、推动数字经济发展等重建经济。

全球发达经济体、新兴经济体 GDP 都遭受疫情重创大幅萎缩，最不发达国家更难实现 GDP 增长维持在 7%的目标，而中国经济具有强大韧性和抗冲击能力，2020 年 GDP 增长 2.3%，是全球唯一实现经济正增长的主要经济体[①]。受疫情影响严重的行业以及中小企业经济活动无法正常开展，导致全球失业人数大幅增加，尤其青年、妇女、非正规工人受影响更大。日本、美国、瑞士、德国、中国等国家通过为中小企业提供财政支持，加大基础设施和产业投资、税收优惠力度，执行量化宽松的货币政策等刺激经济复苏、重建经济。

（2）疫情导致欠发达国家受到的投资和援助流量被压缩，中断了收入不平等持续好转的趋势，疫苗分配方面巨大的不平等造成了新的经济

① 盛来运．不平凡之年书写非凡答卷——《2020年国民经济和社会发展统计公报》评读［EB/OL］．（2021-02-28）．http：//www.stats.gov.cn/ztjc/zthd/lhfw/2021/lh_hgjj/202103/t20210301_1814215.html.

差距。

疫情对低收入国家的影响更大。首先，疫情打破了新兴市场和发展中国家 2008 年以来收入不平等持续好转的趋势，其次，疫情使它们本已薄弱的财政状况进一步恶化，全球经济萎缩也使流向发展中国家的投资和援助流量被压缩，另外，由于疫苗分配方面巨大的不平等，直接导致疫苗接种率低的地区亦即贫困国家不能放松封锁措施，影响经济复苏进度，进而造成新的经济差距。世界卫生组织、全球疫苗免疫联盟以及流行病预防创新联盟共同提出“新冠肺炎疫苗实施计划”，向国际社会提供疫苗支持，以缩小疫苗分配不平等导致的新的经济差距。

（3）疫情一方面给制造业、旅游业、航空业等造成了灾难性的影响，另一方面也促使经济转向新的更可持续的发展领域。

各国为控制疫情扩散而封锁边境，限制国内经济活动，导致制造业供应链不完整、旅游受限、飞机停飞等，对制造业、旅游业、航空业等行业带来惊人的财物损失，但同时，也使人们感受到数字化基础设施的便利性和重要性，为制造业转型升级、生态旅游发展、产业基础设施数字化转型升级、提升创新研发能力等提供了契机，为疫情后期各个国家制定更环保的复苏计划，促使生产和消费方式转向更可持续的方向提供契机。美国、韩国、新加坡等国家积极加强本国数字化基础设施建设，推进数字化深度融入各个领域，加强国际数字合作，加快产业数字化、智能化转型进程，促进具有包容性的可持续工业化。

三、环境方面

（1）疫情给清洁饮水和卫生设施、气候变化、水下生物、陆地生物目标实现带来了破坏性影响，建设一个更加绿色健康的世界有赖于更广泛的相关方参与和支持。

疫情给清洁饮水和卫生设施普及、气候危机应对、海洋保护和海洋资源利用、生物多样性保护带来了冲击，直接或间接地影响到 2030 年目标实现的进程。结合疫情应对过程来看，疫情产生的医疗垃圾和一次性用品增加，对垃圾处理和海洋环境保护提出了挑战；各国普遍采取的封锁政策给旅游业造成的损失，又间接地到影响生物多样性养护区的日常运营，一些保护区甚至出现偷猎现象；跨界水体合作的项目和相关活动、气候变化相关的能力建设亦因防疫政策受阻。不仅如此，在决策层面，全球严峻的疫情防控形势会削弱各国为应对气候变化作出努力的意愿。为排除和化解环境目标实现的阻碍，部分国家在支持经济复苏的同时，综合考虑经济发展与环境保护的平衡一致问题，主动出台多项政策，采取了如保障饮水及基本卫生设施、完善医疗废物处置机制、加速全球气候立法、积极推动经济绿色复苏计划、大力支持气候友好型产业和技术、规范野生动物交易、保护水体不受病毒污染、创造安全空气环境等措施。值得注意的是，这些环境类控制措施的实施效果也会因政策强制性要求程度、相关部门具体执行方式、社会组织和公众的素养和参与意愿而呈现出差异，建设一个更加绿色健康的世界有赖于更多利益相关方的参与和支持。

（2）疫情客观上给海洋和陆地生态环境的保护和恢复带来了暂时性的积极影响，提醒着人类重新思考人与自然的协调关系。

疫情改变了人类的生产生活方式，例如旅行和通勤人员的数量显著减少、相应的活动转移到线上，短期内温室气体总体排放量相应减少。从美国航天局（NASA）、欧洲航天局（ESA）和欧洲环境署（EEA）发布的疫情前后空气质量变化数据以及卫星图来看，由于受到新冠肺炎疫情的影响，世界范围内空气中的二氧化碳和二氧化氮含量均明显下降，许多地方的环境问题也得到一定的改善。与此同时，野生动植物栖息地、海洋生态环境获得了难得的恢复机遇；与疫情传播媒介相关的野生动物问题受到广泛关注和讨论。在此背景下，疫情给生态保护带来的启示也提醒着人类重新思考人与自然的关系。

四、伙伴关系方面

全球性的危机使用于发展中国家的直接投资、国际出口等目标更加难以实现，但是国家间的财政支持和援助增加、全球齐心抗疫，有利于加强伙伴关系、加快构建人类命运共同体。

根据对伙伴关系的分析，一方面，疫情加剧了各国的财政危机，限制各个国家自身及要支持国家在可持续发展目标方面的投资空间，投资促进计划增速进一步放缓，最不发达国家在全球出口中的比例翻番目标实现再度延后。另一方面，全球疫情危机使各个国家认识到在全球公共卫生危机面前，各国政府、社会组织和普通公民必须共同参与，团结一心共同抗疫，促使官方发展援助、向资源紧张国家提供的财政支持增加，如联合国发起"全球人道主义响应计划"，为最脆弱国家提供诊疗设备和防疫物资。面向未来，应进一步加强伙伴关系合作，加快构建起人类命运共同体，以凝聚全球力量共同对抗全球危机。

第二节 政策建议

一、社会方面

健全完善惠及全人类、高效可持续的全球公共卫生体系。全球公共卫生治理存在诸多短板，世界各国可以以此次疫情为鉴，坚持生命至上、全球一体、平等尊重、合作互助原则，建立健全全球公共卫生安全长效融资机制、威胁监测预警与联合响应机制、资源储备和资源配置等合作机制，建设惠及全人类、高效可持续的全球公共卫生体系。中国应加强健全能有效应对重大疫情及突发公共卫生事件、基本满足国家公共安全形势需要的，责权清晰、功能完善、运转高效、协同联动、保障有力的疾病预防控制体系。

完善针对突发公共卫生事件的社会保障和社会福利体系，重点为弱势群体和困难群众提供基本保障。在新冠肺炎疫情严重打击下，弱势群体、特殊群体和困难群体的基本生存生活面临诸多难以预料的威胁和挑战，有效发挥好"社会安全网"的作用尤为重要。各国可以从社会福利、社会保障着手，加强必要生活物资、心理关怀、日间照料等方面的政策援助和支持。如针对受到新冠肺炎疫情影响的职业工作者，实施灵活的失业保障机制；针对残障人士及卧病在床人员、孕妇和儿童等特殊人群，及时给予医疗跟踪服务和支持。在中国，可以结合特殊时期社会救助工作，落实落细各项兜底保障措施，切实发挥好低保、临时救助等社会救助措施"托底线、救急难、保民生"的作用，全力保障困难群众基本生活。

推动网络远程教育普及，提供健康安全的学习环境，助力实现优质教育资源共享。疫情期间，需要通过云端教育资源为学生提供学习支持，这也证明了网络远程教育普及的重要性。在全球范围内，建议继续加强教育信息化基础建设，强化教育信息化的超大规模供给能力，提升教育信息化智能水平和师生信息化能力，以此进一步实现优质教育资源共享，助力教育高质量发展。此外，出于保障返校学生安全的考虑，在教育场所配备足够的防疫物资、安全饮水和卫生设施也需给以重点关注。

积极关注全球妇女和儿童在健康和发展方面遭遇，为他们提供工作机会、食物、法律援助支持，减少暴力和歧视。结合疫情给儿童、妇女在营养健康、个人发展、家庭地位等方面带来的威胁和挑战，建议全球进一步加强对妇女、儿童生存发展的关注。一方面，以合理的政策保障性措施给予食物、法律等生活援助，确保儿童健康成长，减少家庭暴力；另一方面，通过平等的受教育和就业机会为妇女和儿童赋能，尽最大可能减少性别歧视和偏见。

加强城市空间资源合理调整配置，推动城市更新和贫民窟改造，完善人类居住社区公共基础设施配套服务。使城市规划和发展与人类和地球的健康和谐一致，对于避免生态失衡、降低人类接触新病原体的风险和控制新疾病的出现至关重要。建议各国结合疫情引起的积极反思，进一步通过完善城市社区规划、加强住房和居住社区公共基础设施配套服务体系建设、建设更加富有韧性和可持续性的城市来解决潜在的经济社会发展的脆弱性问题。在吸收和借鉴优秀城市规划经验的基础上，中国可以通过推动老旧小区、公共卫生间和洗手设施改造，进一步加快城市更新步伐。

增加在可持续农业、现代能源领域的投资和支持力度，确保粮食能源安全。疫情全球蔓延产生的一个直接后果是使粮食和能源等大宗商品的生产、流通和贸易出现梗阻，价格大幅波动。为提高抗风险能力，一方面各国应积极发展绿色高效农业，在稳住现有粮食生产的同时，积极保障小规模粮食生产者的收益，畅通粮食供应链安全稳定通道。另一方面要大力推进产品、技术、管理创新，积极发展新型清洁能源，优化能源结构，推进国际能源合作项目有效落地。

预防和减少全球武装冲突，共建和平包容的全球环境。疫情的蔓延促使一些地区在联合国的号召下停战参与抗疫。建议冲突各方应停止敌对行动，确保人道准入，推进包容、普惠、平衡发展。各国要重视预防与解决冲突，促进对话解决热点问题，从根本上解决人道危机和灾害影响。

二、经济方面

保持现有支持中小企业复工复产的财政、货币、就业等宏观政策，建

立起政策组合、协调机制，继续缓解中小企业生产经营困难。宏观政策要强化协调配合、形成合力，才能有效应对疫情和来自全球经济波动的冲击，加快经济社会恢复发展。建议针对疫情带来的短期冲击，根据不同行业特点，有针对性地出台就业、产业、金融、财政等扶持措施，打通人流、物流、资金流通道，确保复工复产所需的劳动力、原材料和资金。要继续用好贷款贴息、担保补贴等方式，发挥政策合力降低企业融资成本。要统筹推进中小微企业贷款临时性延期还本付息工作，金融、财政、监管等方面都要给予配套支持。要把稳就业放在首位考虑。大量中小微企业是就业主渠道。一方面，保中小微企业的资金链，就是保就业岗位，减少疫情对就业存量的冲击，避免由经济风险转化为社会风险；另一方面，为中小微企业复工复产创造条件，为招工提供帮助。必须强化金融、财政等宏观政策对就业的支持，特别是对于吸纳就业人数较多的服务业、制造业等行业以及重大投资项目，要在资金、政策、保障等方面加大支持力度。

发挥有效投资的拉动作用，重点关注与民生相关的基础设施投资、中心城市和都市圈基础建设及公共服务设施建设领域。稳定经济增长，必须发挥有效投资的拉动作用，必须根据各国经济逻辑的变化，寻找新的、大量级的投资领域。建议各方关注两个与基建相关且有很大空间的投资领域。一是与民生相关的基础设施投资，如旧城改造、租赁住房建设、城市公共设施建设等领域，加大对弱势群体及相关居民的基本公共服务的保障力度。二是中心城市和都市圈基础建设及公共服务设施建设领域。通过推进基础设施一体化和基础服务均等化，可以增大城市集聚效应和城市所能容纳的最优人口规模，促进形成统一大市场，并将更多人纳入市场，通过集聚实现人均收入增长，缩小发展差距。

大力推进创新，形成更多新增长点、增长极，推动生产和消费方式转向更可持续的发展方向。疫情影响下，战略性新兴产业率先破“疫”复苏，新经济新动能加速崛起，不仅为抗疫保驾护航，也为稳住经济基本面提供了重要支撑。因此，各国须以科技创新为引领，大力发展战略性新兴产业，形成更多新的增长点、增长极。通过创新引领供给结构升级，让科技创新、产品创新和商业模式创新等活力源泉更多涌现。提高科技创新支撑能力，稳定支持基础研究和应用基础研究，引导企业增加研发投入，促进科技成果加速转化。加快推动新旧动能转换，促进产业转型升级，加快推进数字经济、智能制造、生命健康、新材料等战略性新兴产业发展，提升产业链现代化水平，推进新型基础设施建设，给常态化疫情防控下的经济发展注入新动能，推动生产和消费方式转向更可持续的发展方向。

推动国际投资、贸易方面尤其是面向发展中国家和最不发达国家的相关协议建设，刺激经济发展。在后疫情时代，投资者更倾向于选择基础设施、清洁能源和医疗项目。建议发达国家加强区域内贸易和投资联系，与发展中国家和最不发达国家签订投资和贸易合作协议，在加强经济合作的同时，进一步推动基础设施和工业投资方面的项目融资，提升发展中国家和最不发达国家在全球价值链中的参与度，让它们在供应世界各地市场的全球价值链中发挥更大的作用。

推动数字经济发展，促进数字化转型升级。在疫情的影响下，全球发生了大规模数字化转型，加快了产业数字化、智能化转型的进程，建议各国加快5G建设，聚焦云计算、大数据、人工智能、区块链等新一代信息技术，加强核心技术攻关，加大研发投入，加快数字基础设施投资建设与布局，推进数字经济、数字金融、数字货币的发展，支持数字产业和数字贸易，加快经济转型升级。如将数字化发展与实体经济深度融合，推动数字农业、文化、医疗、旅游等产业蓬勃发展，加快推动数字技术在各行各业应用落地；推进数字化治理安全建设、数字政务管理、城市设施智能化升级等稳步发展；加强国际合作，共同创新数字化技术研究，将数字化技术应用和推广到经济与社会发展的方方面面，为促进可持续发展目标的实现共同努力。

三、环境方面

在全球加快清洁饮水和卫生设施的普及，为发展中国家提供必要的能力建设支持和援助。水资源缺乏、水质差和卫生设施不足更容易滋生细菌，推动疫情的传播。建议全球进一步加强水资源研究和开发投资，促进妇女、青年和土著人参与水资源治理；向发展中国家提供国际合作和能力建设支持，帮助它们开展与水和卫生有关的活动，例如雨水采集、海水淡化、提高用水效率、废水处理、水回收和再利用。此外，加强推进公共场所安全饮水和洗手设施的普及，为创造人人都能享有的公平的环境卫生和个人卫生提供便利条件。

推动气候变化纳入更多国家的政策和战略发展规划，持续加强气候变化相关教育和宣传，提升各国抵御和适应气候相关灾害和自然灾害的能力。疫情使全世界的人们第一次如此清楚地认识到，地球环境的变化已经严重威胁到人类的生存。各国政府应优先在决策层面加强对气候危机的重视，尽管包括欧盟和中国在内的国家和地区明确了碳中和的目标，但是还需要更多的国家和地区做出进一步承诺和实际动作。与此同时，要进一步增强气候变化相关的灾害应对能力，积极鼓励和支持气候变化适应和应对能力建设的培训和宣传教育。

重视全球海洋生态环境保护和恢复，完善医疗废弃物处置机制，为小规模渔民提供适当的生计支持。结合疫情暴露出的医疗废弃物处置短板、小规模渔民生计问题，建议一方面，各国要完善医疗废弃物处置机制，加强对医疗机构、居住社区、公共场所的医疗垃圾管理，推动专门回收处理，另一方面，要对小规模渔民给予适当的生活补助和补偿，确保边缘化群体能顺利过渡到正常生活。此外，要重视海洋生态系统的恢复，建立健全海洋生态预警监测体系、恢复机制，系统科学推进海洋生态保护工作。

以疫情为契机加强野生动植物保护，健全生态保护补偿和监督执法机制，联合各方力量共同推进全球生物多样性治理。建议各国积极构建全链条、有韧性、包容性的野生动物保护和公共卫生安全防控体系，重点加强生态保护补偿和监督执法机制建设，动员更广泛的社会组织、公众力量参与野生动物和生物多样性保护，通过加快完善生物多样性保护政策法规、提升生物安全管理水平、加强多元化生物多样性保护伙伴关系等，共同参与全球生物多样性治理。

四、伙伴关系方面

支持联合国发挥统筹协调作用，继续推动协调全球疫苗及其他公共卫生设施、服务等，共同应对疫情。领导力和协调力在推动全球疫苗分配、平衡全球公共卫生设施及救援物资供应等方面非常重要。国际社会需支持联合国、世界卫生组织等国际组织来推动全球疫苗生产、分配和接种，加大向发展中国家提供疫苗力度，落实世界卫生组织提出的 2022 年全球接种目标；支持他们在物资援助、协调合作、经验总结、信息分享等多方面发挥重要作用，为发展中国家及最不发达国家提供必要的救援物资，并通过放宽紧急贷款限额、补充减贫与贷款信托的资金等支持抗疫和经济复苏。国际社会需齐心协力，以科学态度应对并战胜新冠肺炎疫情，加强防控、诊疗合作，提高共同应对重大突发公共卫生事件的能力。

完善全球安全和危机治理体系，提高应对突发公共事件的能力。面对突发事件影响国际化，国际协同应急系统成为基本的全球性公共产品。许多突发事件都需要各个国家协同治理，实现对非常态突发事件管理的常态化、机制化和组织化。完善全球安全和危机治理体系，需要各国政府和国际组织及专门力量发挥积极作用，也需要社会各方面共同参与，不断提高全球安全和危机治理的整体性和协同性。各国政府和政府间组织要承担安全和风险治理的主体责任，同时要鼓励非政府组织、跨国公司、民间社会积极参与，形成安全和风险治理合力。同时要改革完善全球治理体系，运用先进的理念、科学的态度、专业的方法、精细的标准提升安全和风险治理效能。提高预测预警预防各类安全风险能力，增加安全和风险治理的预见性、精准性、高效性。

推动发达国家向发展中国家和最不发达国家提供以可持续发展为主题的相关援助。发达国家须切实履行发展援助承诺，并发挥带头作用，为发展中国家及最不发达国家提供财务、技术援助及其他更多资源，减缓疫情发展，提高发展中国家及最不发达国家的科学技术能力、创新能力，促进可持续发展。

参考文献

REFERENCES

保建云，2020. 全球疫情防控的中国力量与中国速度［EB/OL］.（05－14）. http：//news. haiwainet. cn/n/2020/0505/c3544276－31782808. html.

比尔及梅琳达·盖茨基金会，2020. 2020 目标守卫者报告：新冠肺炎 全球视角［R］.

博鳌亚洲论坛，2020. 亚洲五国减贫案例分享及新冠肺炎疫情带来的影响解析［R］. 琼海：博鳌亚洲论坛.

蔡昉，郑功成，董小君，等，2021. 稳是大局、保是前提，“六保”如何齐发力［N］. 光明日报，04－21（7）.

常杪，唐艳冬，杨亮，等，2020. 国际医疗废物管理与处理处置体系分析与借鉴［J］. 环境保护，48（8）：63－69.

陈赟，2020. 世界各国抗疫财政刺激政策的内容及影响［J］. 税收征纳（11）：4.

陈志钢，詹悦，张玉梅，等，2020. 新冠肺炎疫情对全球食物安全的影响及对策［J］. 中国农村经济（5）：2－12.

丁梦益，2020. 深刻认识设立 5 年过渡期的必要性［EB/OL］.（12－30）. http：//www. rmlt. com. cn/2020/1230/603660. shtml.

范鸿达，2020. 疫情下的中东：延续与变化［EB/OL］.（04－09）. http：//www. mesi. shisu. edu. cn/f7/1f/c3713a128799/page. htm.

国际货币基金组织，2020. 国际货币基金组织总裁的开幕致辞：与非洲一起行动起来——2020 年春季会议［EB/OL］.（04－17）. https：//www. imf. org/zh/News/Articles/2020/04/17/sp041720-2020-Spring-Meetings-High-Level-Virtual-Event-on-Mobilizing-with-Africa.

国际货币基金组织，2020. 世界经济展望：漫长而艰难的上升［R］. 华盛顿：国际货币基金组织.

国际货币基金组织，2020. 新兴和前沿市场：金融承压时期的政策工具［R/OL］.（10－23）. https：//www. imf. org/zh/News/Articles/2020/10/23/blog-emerging-and-frontier-markets-policy-tools-in-times-of-financial-stress.

国际货币基金组织，2021. 全球金融稳定报告［R］. 华盛顿：国际货币基金组织.

国际货币基金组织，2021. 世界经济展望［R］. 华盛顿：国际货币基金组织.

国际劳工组织，2020. 2020 年全球青年就业趋势：技术与未来工作［R］. 日内瓦：国际劳工组织.

国际劳工组织，2020. COVID-19 残酷地凸显了不平等，并可能会加深不平等［R］. 日内瓦：国际劳工组织.

国际劳工组织，2020. COVID-19 大流行期间保护移民工人：对政策制定者和选民的建议，联合国关于流动人口的政策简报［R］. 日内瓦：国际劳工组织.

国际劳工组织，2020. 国际劳工组织监测报告：COVID-19 与劳动世界［R］. 4版. 日内瓦：国际劳工组织.

国际劳工组织，2020. 社会保障政策快报第二期（2020年4—5月）［R/OL］. https://www.ilo.org/wcmsp5/groups/public/---asia/---ro-bangkok/---ilo-beijing/documents/publication/wcms_749616.pdf.

国际劳工组织，2021. 2021年世界就业和社会趋势［R］. 日内瓦：国际劳工组织.

国际养护组织，2020. COVID-19 对自然的影响［R/OL］. https://www.conservation.org/stories/impact-of-covid-19-on-nature.

国家发展和改革委员会，2021. 关于2020年国民经济和社会发展计划执行情况与2021年国民经济和社会发展计划草案的报告［R］.

国家统计局，2020. 国家统计局关于2020年粮食产量数据的公告［EB/OL］.（12-10）. http://www.stats.gov.cn/tjsj/zxfb/202012/t20201210_1808377.html.

黄晶，2020. 新冠肺炎疫情对海洋可持续发展的影响［J］. 可持续发展经济导刊（8）：15.

汇丰中国，2020. 新冠肺炎疫情之后的可持续消费趋势［R/OL］. https://mp.weixin.qq.com/s/21oW_NIHhgJWvOdC70Bgjg.

汇丰中华投信，2020. 全球各国为应对新冠肺炎疫情影响的政策行动［EB/OL］.（04-22）. https://www.assetmanagement.hsbc.com.tw/zh-tw/institutional-investor/investor-resources/investment-academy/policy-actions.

金蜜蜂，2020. 联合国副秘书长：新冠肺炎疫情也可转化为实现可持续发展的催化剂［EB/OL］.（05-14）. https://www.csr-china.net/a/guandian/20200514/4794.html.

经济合作与发展组织，2019. 寄宿式长期护理设施的床位、医院的长期护理床位和医院的精神科护理床位［EB/OL］. https://oe.cd/ds/health-statistics.

寇静娜，张锐，2021. 疫情后谁将继续领导全球气候治理——欧盟的衰退与反击［J］. 中国地质大学学报（社会科学版），21（1）：87-104.

雷云，2020. 面对新冠肺炎疫情，各国都采取了哪些措施保障就业呢？［EB/OL］.（08-26）. https://www.163.com/dy/article/FKVF3FK80550B4QJ.html.

李文豪，熊鹏，赵心海，等，2020. 中国应对新冠肺炎本土疫情的策略和经验［J］. 上海预防医学，32（9）：704-711.

李依颖，2020. 新冠肺炎疫情冲击下的绿色债券发展研究［J］. 金融经济（9）：65-

70，77.

李宇环，向天怡，王红梅，2020. 重大疫情防控的应急体系建设：兼论国外实践的分析与启示［J］. 中央财经大学学报（9）：120－128.

联合国，2020. 2020 年可持续发展目标报告［R］. 纽约：联合国.

联合国，2021. 2021 年可持续发展目标报告［R］. 纽约：联合国.

联合国，2020. 政策简报：2019 冠状病毒病与人权　我们同舟共济［R/OL］. https：//www. un. org/sites/un2. un. org/files/human _ rights _ and _ covid19 _ chinese. pdf.

联合国，2020. 政策简报：COVID－19 对儿童的影响［R/OL］. https：//www. un. org/sites/un2. un. org/files/chinese _ brief _ covid _ and _ children. pdf.

联合国，2020. 政策简报：COVID－19 疫期教育及展望［R/OL］. https：//www. un. org/sites/un2. un. org/files/policy _ brief _ - _ education _ during _ covid-19 _ and _ beyond _ chinese. pdf.

联合国，2020. 政策简报：对 2019 冠状病毒病采取兼顾残疾问题的对策［R/OL］. https：//www. un. org/sites/un2. un. org/files/chinese _ diability _ brief. pdf.

联合国，2020. 联合国秘书长在国际日关注 COVID－19 疫情下土著人民的复原能力［R/OL］.（08－09）. https：//news. un. org/en/story/2020/08/1069822.

联合国，2020. 政策简报：2019 冠状病毒病对粮食安全和营养的影响［R/OL］. https：//www. popcouncil. org/uploads/pdfs/2020PGY _ CovidKenyaKAPStudyPresentationRound2. pdf.

联合国，2020. 政策简报：城市世界中的 2019 冠状病毒病［R/OL］. https：//www. un. org/sites/un2. un. org/files/covid-19 _ in _ an _ urban _ world _ chinese. pdf.

联合国，2020. 政策简报：劳动世界与 2019 冠状病毒病［R/OL］. https：//www. un. org/sites/un2. un. org/files/sg _ policy _ brief _ world _ of _ work _ and _ covid _ 19 _ chinese. pdf.

联合国，2021. 联合国报告：未来 18 个月是全球努力推动复苏和实现可持续发展目标的关键［R/OL］. https：//news. un. org/zh/story/2021/07/1087472.

联合国. 气候变化和疫情：联合国敦促各国"重建更美好的家园"［EB/OL］. https：//www. un. org/zh/coronavirus/un-urges-countries-build-back-better.

联合国儿童基金会，2020. 全球危机中的儿童保育：COVID－19 对工作和家庭生活的影响［R/OL］.（07－21）. https：//www. unicef-irc. org/article/2027-40-million-children-miss-out-on-early-education-in-critical-pre-school-year-due-to. html.

联合国妇女署，2020. COVID－19 与确保妇女和女孩的安全城市和安全公共空间［R/OL］. https：//www. unwomen. org/en/digital-library/publications/2020/05/brief-covid-19-and-ensuring-safe-cities-and-safe-public-spaces-for-women-and-girls.

联合国教育、科学及文化组织，2020. 世界各地博物馆应对 COVID－19 疫情［R/OL］.

https：//unesdoc. unesco. org/ark：/48223/pf0000373530.

联合国开发计划署驻华代表处，2020. 新冠肺炎疫情对中国企业影响评估报告［R］. 北京：联合国开发计划署驻华代表处.

联合国粮食及农业组织，2020. 2020 年世界渔业和水产养殖状况［R］.

廖君，黎昌政，2020. 武汉对“四类人员”分类集中收治隔离［EB/OL］.（02－02）http：//www. xinhuanet. com/2020－02/02/c _ 1125522258. htm.

马明清，2020. 社会保障在抗击疫情过程中的作用分析［J］. 当代经济（7）：10－12.

尚晓旭，陈丹丹，张晶，2020. 新冠肺炎疫情对实现可持续发展目标的挑战［J］. 中国认证认可（8）：15－17.

邵丹青，2020. 新冠肺炎疫情对环境保护与应对气候变化议程的影响［J］. 当代金融家（8）：105－106.

邵海鹏，2021. 推动脱贫攻坚与乡村振兴有效衔接　中央一号文件：设立 5 年过渡期［EB/ OL］.（02 － 22）. http：//www. liutong. org. cn/jinriyaowen/2021 － 02 － 22/52902. html.

佘惠敏，2020. 坚决守住和巩固好来之不易的疫情防控成果［EB/OL］. https：//m. gmw. cn/2020－10/13/content _ 1301665508. htm？ p＝1&s＝gmwreco.

盛来运，2021. 不平凡之年书写非凡答卷——《2020 年国民经济和社会发展统计公报》评读［EB/OL］.（02－28）. http：//www. stats. gov. cn/ztjc/zthd/lhfw/2021/lh _ hgjj/202103/t20210301 _ 1814215. html.

盛普生命科技，2021. 大量的废弃口罩正在伤害海洋动物的生命［EB/OL］.（03－17）. https：//ecep. ofweek. com/2021－03/ART－93014－8500－30489683. html.

施沛霖，2020. 后疫情时代，你会否为“可持续”产品埋单？［EB/OL］.（07－16）. https：//baijiahao. baidu. com/s？ id＝1672356918054929512&wfr＝spider&for＝pc.

世界卫生组织，2020. 2019 冠状病毒病暴发期间对残疾问题的考虑［R］.

搜狐网，2020. 康宝莱“营养零饥饿”计划资助世界粮食计划署抗击新冠肺炎疫情［EB/OL］.（04－08）. https：//www. sohu. com/a/386443471 _ 121155.

腾讯网，2021. 不平等的疫苗接种率造成新的经济差距［EB/OL］.（06－28）. https：//new. qq. com/rain/a/20210628A06HLD00.

天津市人民政府网，2020. 蓟州区全力做好医疗废物管理打造绿色安全医疗卫生环境［EB/OL］. http：//www. tj. gov. cn/sy/zwdt/gqdt/202009/t20200921 _ 3734726. html.

王一鸣，2020. 落实“六保”任务　稳住经济基本盘［J］. 理论导报（7）：6－8.

王宇，张铁龙，2020. 应对疫情冲击：全球宏观经济政策调整及启示［J］. 开发性金融研究，30（2）：55－61.

魏后凯，2020. 科学应对疫情对脱贫攻坚的冲击［N］. 人民日报，06－12（5）.

习近平，2020. 在全国抗击新冠肺炎疫情表彰大会上的讲话［Z］. 09－08.

习近平，2021. 在全国脱贫攻坚总结表彰大会上的讲话［Z］. 02－25.

新冠肺炎疫情下的动物世界：有的被扑杀，有的在歌唱［EB/OL］. https：//new. qq. com/omn/20201117/20201117A0CBL700. html.

新华社，2020. 习近平对新型冠状病毒感染的肺炎疫情作出重要指示强调：要把人民群众生命安全和身体健康放在第一位，坚决遏制疫情蔓延势头［N］. 光明日报，01－21（1）.

颜梦洁，2020. 新冠肺炎疫情期间各国财政政策的实践，特征与思考［J］. 经济研究参考（13）.

于宏源，2020. 疫情和气候危机下的清洁能源之路——评《清洁能源外交：全球态势与中国路径》［J］. 能源（4）：95－96.

于文轩，田香兰，王生，2020. 新加坡、日本和韩国应对新冠肺炎疫情的策略及特点［EB/OL］.（04－15）. https：//www. 163. com/dy/article/FA83H4II0514AE01. html.

俞祖成，林光志，2020. 日本地方公共卫生危机应急管理中的人文关怀［N］. 社会科学报，03－12（3）.

曾金华，贺浪莎，梁睿，等，2021. 从“国家账本”感受政策力度和民生温度——代表委员和专家学者热议预算报告［N］. 经济日报，03－09（11）.

战姿，2020. 新冠肺炎疫情背景下的国际基础设施发展趋势［J］. 国际工程与劳务，434（9）：45－48.

张代蕾，乔本孝，2020. 新冠肺炎疫情绊倒求学路上穷孩子　近千万人永久失学［EB/OL］.（08－06）. http：//www. chinanews. com/gj/2020/08－06/9258030. shtml.

张琦，2021. 全球减贫历史、现状及其挑战［EB/OL］.（04－20）. http：//www. rmlt. com. cn/2021/0420/612197. shtml.

张锐，王健，2021. 新冠肺炎疫情对全球能源转型的影响：阻碍抑或促进？［J］. 中国电力企业管理（4）：38－41.

赵雅婷，2020. 新形势下非洲贫困治理与中非减贫合作的实践进程［EB/OL］.（12－31）. http：//www. cssn. cn/gjgxx/gj _ bwsf/202012/t20201231 _ 5240961. shtml.

赵章靖，2020. 联合国教科文组织：九项主张重塑“疫情后”全球教育［EB/OL］.（07－31）. https：//new. qq. com/omn/20200731/20200731A0KC9W00. html.

郑金武，2020. 医疗废物管理是战胜疫情重要支撑［EB/OL］.（05－02）. http：//news. sciencenet. cn/htmlnews/2020/5/439273. shtm.

中国疾病预防控制中心，2020. 新冠肺炎流行病学特征分析［J］. 中华流行病学杂志（2）：145－151.

中国政府网，2020. 3 月 10 日的国务院常务会定了这三件大事［EB/OL］.（03－11）. http：//www. gov. cn/guowuyuan/2020－03/11/content _ 5490097. htm.

中国政府网，2021. 最全！一图读懂 2021 年《政府工作报告》［EB/OL］.（03－19）. http：//www. gov. cn/xinwen/2021－03/19/content _ 5590441. htm.

中华人民共和国国务院新闻办公室，2020. 抗击新冠肺炎疫情的中国行动［R］. 北京：中华人民共和国国务院新闻办公室.

中华人民共和国外交部，2021. 中国落实 2030 年可持续发展议程国别自愿陈述报告［R］. 北京：中华人民共和国外交部.

中新经纬，2020. 疫情将加速中国产业链外迁？工信部回应［EB/OL］.（04 - 23）. http：//www.jwview.com/jingwei/html/04 - 23/313671.shtml.

朱松丽，2020. "后疫情"时期的全球气候治理［J］. 气候变化研究进展，16（6）：758 - 762.

A Comas-Herrera et al.，2020. Mortality Associated with COVID - 19 Outbreaks in Care Homes：Early International Evidence［R］. London：International Long-Term Care Policy Network，CPEC-LSE.

Asian Development Bank，2020. Managing Infectious Medical Waste during the COVID - 19 Pandemic［EB/OL］. https：//www.adb.org/publications/managing-medical-waste-covid19.

Baart J，Taaka F，2018. Barriers to Healthcare Services for People with Disabilities in Developing Countries：A Literature Review［J］. Disability CBR & Inclusive Development，28（4）：26.

CDC COVID - 19 Response Team，2020. Severe Outcomes Among Patients with Coronavirus Disease 2019（COVID - 19）— United States［EB/OL］. https：//www.cdc.gov/mmwr/volumes/69/wr/mm6912e2.htm？s _ cid = mm6912e2 _ whttps：//www.ncbi.nlm.nih.gov/pubmed/32064853.

Chady El Khoury，Jiro Honda，Johan Mathisen，et al.，2021. 疫情相关支出的"收据核验"［EB/OL］.（05 - 20）. https：//www.imf.org/zh/News/Articles/2021/05/20/blog-052021-checking-the-receipts-from-pandemic-related-spending.

Drakopoulos D，Goel R，Natalucci F，et al.，2020. Emerging and Frontier Markets：Policy Tools in Times of Financial Stress［EB/OL］.（10 - 23）. https：//blogs.imf.org/2020/10/23/emerging-and-frontier-markets-policy-tools-in-times-of-financial-stress/.

Economic Commission for Latin America，2020. The Social Challenge in Times of COVID - 19［EB/OL］.（05 - 12）. https：//repositorio.cepal.org/bitstream/handle/11362/45544/1/S2000324 _ en.pdf.

European Commission，2020. Educational Inequalities in Europe and Physical School Closures during Covid - 19［EB/OL］.（06 - 19）. https：//ec.europa.eu/jrc/sites/jrcsh/files/fairness _ pb2020 _ wave04 _ covid _ education _ jrc _ i1 _ 19jun2020.pdf.

Gaspar V，Raphael Lam W，Raissi M，2020. Fiscal Policies to Contain the Damage from COVID - 19［EB/OL］.（04 - 15）. https：//www.imf.org/zh/News/Articles/2020/04/15/blog-fm-fiscal-policies-to-contain-the-damage-from-covid-19.

Gates B, Gates M, 2020. 2020 Goalkeepers Report: COVID-19 A Global Perspective [R/OL]. (09-14). https://www.gatesfoundation.org/goalkeepers/report/2020-report/#GlobalPerspective.

Global Partnership for Education, 2020. Opinion: Don't Let Girls'Education be Another Casualty of the Coronavirus [EB/OL]. (05-01). https://www.globalpartnership.org/news/opinion-dont-let-girls-education-be-another-casualty-coronavirus.

Gromada A, Richardson D, Rees G, 2020. Childcare in a Global Crisis: The Impact of COVID-19 on Work and Family Life [R]. Florence: UNICEF-IRC.

H Kuper, P Heydt, 2019. The Missing Billion, Access to Health Services for 1 Billion People with Disabilities, LSHTM [J].

Haeck C, Lefebvre P, 2020. Pandemic School Closures May Increase Inequality in Test Scores [EB/OL]. https://grch.esg.uqam.ca/wp-content/uploads/sites/82/Haeck_Lefebvre_GRCH_WP20-03-5.pdf.

Hans Henri P Kluge, 2020. Statement-Older People are at Highest Risk from COVID-19, but All Must Act to Prevent Community Spread [EB/OL]. http://www.euro.who.int/en/health-topics/health-emergencies/coronavirus-covid-19/statements/statement-older-people-are-at-highest-risk-from-covid-19, -but-all-must-act-to-prevent-community-spread.

I Mactaggart, et al., 2018. Access to Water and Sanitation among People with Disabilities [J]. BMJ Open, 8 (6), e020077.

IIEP-UNESCO, 2020. COVID-19 School Closures: Why Girls are More at Risk [EB/OL]. http://www.iiep.unesco.org/en/covid-19-school-closures-why-girls-are-more-risk-13406.

Intergovernmental Science-Policy Platform on Biodiversity and Ecosystem Services, 2020. IPBES Workshop on Biodiversity and Pandemics Report [R].

International Labour Organization, 2020. Global Employment Trends for Youth 2020: Technology and the Future of Jobs [R]. Geneva: ILO.

IPSOS, 2020. Impact of Coronavirus, Survey of 1 620 Consumers in China [EB/OL]. https://media.ifrc.org/ifrc/press-release/east-africa-red-cross-raises-alarm-triple-menace-floods-covid-19-locusts/.

Kaffenberger M, 2020. Modeling the Long-run Learning Impact of the COVID-19 Learning Shock: Actions to (More than) Mitigate Loss [EB/OL]. (06-04). https://doi.org/10.35489/BSG-RISE-RI_2020/017.

Luppa M, Luck T, Weyerer S, et al., 2010. Prediction of Institutionalization in the Elderly. A Systematic Review [J]. Age Ageing, 39 (1): 31-38.

Mactaggart I, Schmidt W, Bostoen K, et al., 2018. Access to Water and Sanitation among People with Disabilities: Results from Cross-sectional Surveys in Bangladesh, Cameroon,

India and Malawi [EB/OL]. (06-04). https://bmjopen.bmj.com/content/bmjopen/8/6/e020077.full.pdf.

Mishra S, Brossard M, Reuge N, et al., 2020. How Involved are Parents in Their Children's Learning? MICS6 Data Reveal Critical Insights [EB/OL]. (04-20). https://blogs.unicef.org/evidence-for-action/parental-involvement-childrens-learning.

Naidoo R, Fisher B, 2020. Reset Sustainable Development Goals for a pandemic world [J]. Nature, 583 (7815): 198-201.

OHCHR, IOM, UNHCR, et al., 2020. The Rights and Health of Refugees, Migrants and Stateless Must be Protected in COVID-19 Response [EB/OL]. (03-31). https://www.unhcr.org/en-us/news/press/2020/3/5e836f164/rights-health-refugees-migrants-stateless-must-protected-covid-19-response.html.

Patrick Greenfield, Peter Muiruri, 2020. Conservation in Crisis: Ecotourism Collapse Threatens Communities and Wildlife [EB/OL]. (05-05). https://www.savetheelephants.org/about-elephants-2-3-2/elephant-news-post/?detail=conservation-in-crisis-ecotourism-collapse-threatens-communities-and-wildlife.

Patrick Njoroge, Ceyla Pazarbasioglu, 2020. 弥合数字鸿沟，推动新冠肺炎疫情后的经济复苏 [EB/OL]. https://www.imf.org/zh/News/Articles/2020/11/06/blog-bridging-digital-divide-to-scale-up-covid19-recovery.

Sumner A, Hoy C, Ortiz-Juarez E, 2020. Estimates of the impact of COVID-19 on global poverty [R]. Helsinki: UNU-WIDER.

The World Bank, 2020. Urban and Disaster Risk Management Responses to COVID-19. Urban, Disaster Risk Management, Resilience and Land (GPURL)[EB/OL]. (04-03). https://thedocs.worldbank.org/en/doc/575581589235414090-0120022020/original/WorldBankUrbanDRMCOVID19Responses.pdf.

UN Environment Programme, 2020. Emerging Zoonotic Diseases and Links to Ecosystem Health-UNEP Frontiers 2016 Chapter [EB/OL]. (04-08). https://www.unep.org/resources/emerging-zoonotic-diseases-and-links-ecosystem-health-unep-frontiers-2016-chapter.

UN HABITAT, 2020. Coronavirus Will Travel 'Incredibly Fast' in Africa's Slums, UN-Habitat Chief Warns [EB/OL]. (04-24). https://unhabitat.org/coronavirus-will-travel-incredibly-fast-in-africas-slums-un-habitat-chief-warns.

UN News, 2020. COVID-19 Could Help Turn the Tide on Ocean Health in Asia-Pacific [EB/OL]. (05-13). https://news.un.org/en/story/2020/05/1063832.

UN News, 2020. Press Release: Financing for Sustainable Development Report 2020 [EB/OL]. https://developmentfinance.un.org/press-release-financing-sustainable-development-report-2020.

UN News, 2021. Air Travel Down 60 Per Cent, as Airline Industry Losses Top $370 Billion: ICAO [EB/OL]. (01-15). https://news.un.org/en/story/2021/01/1082302.

UN News, 2021. COVID-19 Impact on Tourism Could Deal $4 Trillion blow to Global Economy: UN Report [EB/OL]. (06-29). https://news.un.org/en/story/2021/06/1095052.

UN News, 2021. Sustainable Development Report Shows Devastating Impact of COVID, Ahead of "Critical" New Phase [EB/OL]. (07-06). https://news.un.org/en/story/2021/07/1095362.

UN WOMEN, 2020. COVID-19 and Ending Violence Against Women and Girls [R].

UN, 2020. 2020 Financing for Sustainable Development Report [R]. New York: UN.

UNCTAD, 2020. Coronavirus Outbreak Has Cost Global Value Chains $50 Billion in Exports [EB/OL]. https://unctad.org/news/coronavirus-outbreak-has-cost-global-value-chains-50-billion-exports.

UNDP, 2020. COVID-19 and Human Development: Assessing the Crisis, Envisioning the Recovery [R]. New York: UNDP.

UNESCO, 2020. COVID-19: The Ocean, An Ally Against the Virus [EB/OL]. (04-16). https://en.unesco.org/news/covid-19-ocean-ally-against-virus.

UNESCO, 2020. Global Education Monitoring Report Summary 2020: Inclusion and Education: All Means All [EB/OL]. https://unesdoc.unesco.org/ark:/48223/pf0000373721?posInSet=1&queryId=3fd6a876-0755-4c54-b359-81baebe502a4.

UNESCO, 2020. COVID-19 Education Response: How Many Students are at Risk of Not Returning to School? Advocacy Paper [EB/OL]. https://unesdoc.unesco.org/ark:/48223/pf0000373992?posInSet=13&queryId=8894143f-845c-4029-bfc2-f623deec7be3.

UN-Habitat, 2020. Coronavirus Will Travel "Incredibly Fast" in Africa's Slums, UN-Habitat Chief Warns [EB/OL]. (04-26). https://unhabitat.org/coronavirus-will-travel-incredibly-fast-in-africas-slums-un-habitat-chief-warns.

UNSDG, 2020. Goal of the Month [EB/OL]. (04). https://www.un.org/sustainabledevelopment/infrastructure-industrialization/.

UNSDG, 2020. Goal of the Month [EB/OL]. (05). https://www.un.org/sustainabledevelopment/goal-of-the-month-may-2020/.

UNSDG, 2020. Policy Brief: The Impact of COVID-19 on children [EB/OL]. (04-15). https://unsdg.un.org/sites/default/files/2020-04/160420_Covid_Children_Policy_Brief.pdf.

Vos R, Martin W, Laborde D, 2020. As COVID-19 Spreads, No Major Concern for Global Food Security Yet [EB/OL]. (03-10). https://www.ifpri.org/blog/covid-

19-spreads-no-major-concern-global-food-security-yet.

WFP, 2020. New Digital Map Shows Terrible Impact of COVID - 19 on School Meals Around the World [EB/OL]. (03 - 27). https: //www. wfp. org/news/new-digital-map-shows-terrible-impact-covid-19-school-meals-around-world.

WHO, 2019. Gender Equity in the Health Workforce: Analysis of 104 Countries [R]. Geneva: WHO.

WHO, 2020. Weekly Operational Update on COVID - 19 - 21 February 2020 [EB/OL]. (02 - 21). https: //www. who. int/docs/default-source/coronaviruse/situation-reports/20200221-sitrep-32-covid-19. pdf? sfvrsn=4802d089 _ 2.

WHO, 2020. Disability Considerations during the COVID - 19 Outbreak [EB/OL]. (03 - 26). https: //www. who. int/publications/i/item/WHO-2019-nCoV-Disability-2020 - 1.

WHO, 2020. Hand Hygiene Day [EB/OL]. (05 - 05). https: //www. who. int/news-room/events/detail/2020/05/05/default-calendar/hand-hygiene-day.

WHO, 2020. Statement-Older People are at Highest Risk from COVID - 19, but All Must Act to Prevent Community Spread [EB/OL]. (04 - 02). https: //www. euro. who. int/en/health-topics/health-emergencies/coronavirus-covid-19/statements/statement-older-people-are-at-highest-risk-from-covid-19, -but-all-must-act-to-prevent-community-spread.

WMWR, 2020. Severe Outcomes Among Patients with Coronavirus Disease 2019 (COVID - 19) -United States, February 12-March 16, 2020 [EB/OL]. (03 - 18). https: //www. cdc. gov/mmwr/volumes/69/wr/mm6912e2. htm? s _ cid=mm6912e2 _ w # suggestedcitation.

World Bank, 2020. COVID - 19 Could Lead to Permanent Loss in Learning and Trillions of Dollars in Lost Earnings [EB/OL]. (06 - 18). https: //www. worldbank. org/en/news/press-release/2020/06/18/covid-19-could-lead-to-permanent-loss-in-learning-and-trillions-of-dollars-in-lost-earnings.

World Bank, 2020. Simulating the Potential Impacts of the COVID - 19 School Closures on Schooling and Learning Outcomes: A set of Global Estimates [EB/OL]. (06 - 28). https: //www. worldbank. org/en/topic/education/publication/simulating-potential-impacts-of-covid-19-school-closures-learning-outcomes-a-set-of-global-estimates.

World Bank, 2020. We Should Avoid Flattening the Curve in Education-Possible Scenarios for Learn-ing Loss during the School Lockdowns [EB/OL]. (04 - 13). https: //blogs. worldbank. org/education/we-should-avoid-flattening-curve-education-possible-scenarios-learning-loss-during-school.

World Bank. The World Bank in Middle Income Countries [EB/OL]. https: //www. worldbank. org/en/country/mic.

附录一

APPENDIX 1

调　研　问　卷

关于新冠肺炎疫情对2030年可持续发展目标SDGs影响的问卷调查

尊敬的________：

您好！

2020年初，新冠肺炎疫情在全球范围内暴发，这场突发公共卫生事件给经济社会等各方面带来巨大影响。疫情不仅让世界的今天遭受创伤，更让代表世界明天的联合国2030年可持续发展目标（SDGs）也面临严峻挑战。2021年，由中国国际扶贫中心组织开展的“新冠肺炎疫情对2030年可持续发展目标的影响及对策研究”研究课题，拟分析新冠肺炎疫情这场大流行病对人类健康、社会经济及其他方面已经造成的并可能继续加深的损害，为我们更早认识现状，迅速恢复到如期实现2030年可持续发展目标的轨道上提供决策依据。

责扬天下（北京）管理顾问有限公司为“新冠肺炎疫情对2030年可持续发展目标的影响及对策研究”研究课题的承接单位，课题组为更客观分析和判断新冠肺炎疫情对联合国2030年可持续发展目标中17个大目标的169个子目标的影响程度，特开展本次问卷调查。基于目前的文献研究，对不同子目标受疫情影响的程度，大致分为**“影响明显”“影响不明显”“不确定/不清楚”**三个类别，请根据您了解和掌握的相关情况，给出您的专业建议，并在相应选项前的□内打勾（问卷附后）。

感谢您百忙之中填写本问卷，所有调查结果都将成为研究课题“新冠肺炎疫情对2030年可持续发展目标的影响及对策研究”判断新冠肺炎疫情对联合国2030年可持续发展目标中17个大目标的169个子目标影响程度的指导依据。

感谢您的大力支持！

“新冠肺炎疫情对 2030 年可持续发展目标的影响及对策研究”课题组

2021 年 8 月

序号	目标（17 个）	子目标（169 个）	受疫情影响程度
1	**目标 1　在全世界消除一切形式的贫困**	1.1　到 2030 年，在全球所有人口中消除极端贫困，极端贫困目前的衡量标准是每人每日生活费不足 1.25 美元	□影响明显 □影响不明显 □不确定/不清楚
2		1.2　到 2030 年，按各国标准界定的陷入各种形式贫困的各年龄段男女和儿童至少减半	□影响明显 □影响不明显 □不确定/不清楚
3		1.3　执行适合本国国情的全民社会保障制度和措施，包括最低标准，到 2030 年在较大程度上覆盖穷人和弱势群体	□影响明显 □影响不明显 □不确定/不清楚
4		1.4　到 2030 年，确保所有男女，特别是穷人和弱势群体，享有平等获取经济资源的权利，享有基本服务，获得对土地和其他形式财产的所有权和控制权，继承遗产，获取自然资源、适当的新技术和包括小额信贷在内的金融服务	□影响明显 □影响不明显 □不确定/不清楚
5		1.5　到 2030 年，增强穷人和弱势群体的抵御灾害能力，降低其遭受极端天气事件和其他经济、社会、环境冲击和灾害的概率和易受影响程度	□影响明显 □影响不明显 □不确定/不清楚
6		1.a　确保从各种来源，包括通过加强发展合作充分调集资源，为发展中国家，特别是最不发达国家提供充足、可预见的手段以执行相关计划和政策，消除一切形式的贫困	□影响明显 □影响不明显 □不确定/不清楚
7		1.b　根据惠及贫困人口和顾及性别平等问题的发展战略，在国家、区域和国际层面制定合理的政策框架，支持加快对消贫行动的投资	□影响明显 □影响不明显 □不确定/不清楚

（续）

序号	目标（17个）	子目标（169个）	受疫情影响程度
8	**目标2　消除饥饿，实现粮食安全，改善营养状况和促进可持续农业**	2.1　到2030年，消除饥饿，确保所有人，特别是穷人和弱势群体，包括婴儿，全年都有安全、营养和充足的食物	□影响明显 □影响不明显 □不确定/不清楚
9		2.2　到2030年，消除一切形式的营养不良，包括到2025年实现5岁以下儿童发育迟缓和消瘦问题相关国际目标，解决青春期少女、孕妇、哺乳期妇女和老年人的营养需求	□影响明显 □影响不明显 □不确定/不清楚
10		2.3　到2030年，实现农业生产力翻倍和小规模粮食生产者，特别是妇女、土著居民、农户、牧民和渔民的收入翻番，具体做法包括确保平等获得土地、其他生产资源和要素、知识、金融服务、市场以及增值和非农就业机会	□影响明显 □影响不明显 □不确定/不清楚
11		2.4　到2030年，确保建立可持续粮食生产体系并执行具有抗灾能力的农作方法，以提高生产力和产量，帮助维护生态系统，加强适应气候变化、极端天气、干旱、洪涝和其他灾害的能力，逐步改善土地和土壤质量	□影响明显 □影响不明显 □不确定/不清楚
12		2.5　到2020年，通过在国家、区域和国际层面建立管理得当、多样化的种子和植物库，保持种子、种植作物、养殖和驯养的动物及与之相关的野生物种的基因多样性；根据国际商定原则获取及公正、公平地分享利用基因资源和相关传统知识产生的惠益	□影响明显 □影响不明显 □不确定/不清楚

（续）

序号	目标（17个）	子目标（169个）	受疫情影响程度
13	**目标2 消除饥饿，实现粮食安全，改善营养状况和促进可持续农业**	2.a 通过加强国际合作等方式，增加对农村基础设施、农业研究和推广服务、技术开发、植物和牲畜基因库的投资，以增强发展中国家，特别是最不发达国家的农业生产能力	□影响明显 □影响不明显 □不确定/不清楚
14		2.b 根据多哈发展回合授权，纠正和防止世界农业市场上的贸易限制和扭曲，包括同时取消一切形式的农业出口补贴和具有相同作用的所有出口措施	□影响明显 □影响不明显 □不确定/不清楚
15		2.c 采取措施，确保粮食商品市场及其衍生工具正常发挥作用，确保及时获取包括粮食储备量在内的市场信息，限制粮价剧烈波动	□影响明显 □影响不明显 □不确定/不清楚
16	**目标3 确保健康的生活方式，促进各年龄段人群的福祉**	3.1 到2030年，全球孕产妇每10万例活产的死亡率降至70人以下	□影响明显 □影响不明显 □不确定/不清楚
17		3.2 到2030年，消除新生儿和5岁以下儿童可预防的死亡，各国争取将新生儿每1 000例活产的死亡率至少降至12例，5岁以下儿童每1 000例活产的死亡率至少降至25例	□影响明显 □影响不明显 □不确定/不清楚
18		3.3 到2030年，消除艾滋病、结核病、疟疾和被忽视的热带疾病等流行病，抗击肝炎、水传播疾病和其他传染病	□影响明显 □影响不明显 □不确定/不清楚
19		3.4 到2030年，通过预防、治疗及促进身心健康，将非传染性疾病导致的过早死亡减少1/3	□影响明显 □影响不明显 □不确定/不清楚
20		3.5 加强对滥用药物包括滥用麻醉药品和有害使用酒精的预防和治疗	□影响明显 □影响不明显 □不确定/不清楚

（续）

序号	目标（17 个）	子目标（169 个）	受疫情影响程度
21	目标 3　确保健康的生活方式，促进各年龄段人群的福祉	3.6　到 2020 年，全球公路交通事故造成的死伤人数减半	□影响明显 □影响不明显 □不确定/不清楚
22		3.7　到 2030 年，确保普及性健康和生殖健康保健服务，包括计划生育、信息获取和教育，将生殖健康纳入国家战略和方案	□影响明显 □影响不明显 □不确定/不清楚
23		3.8　实现全民健康保障，包括提供金融风险保护，人人享有优质的基本保健服务，人人获得安全、有效、优质和负担得起的基本药品和疫苗	□影响明显 □影响不明显 □不确定/不清楚
24		3.9　到 2030 年，大幅减少危险化学品以及空气、水和土壤污染导致的死亡和患病人数	□影响明显 □影响不明显 □不确定/不清楚
25		3.a　酌情在所有国家加强执行《世界卫生组织烟草控制框架公约》	□影响明显 □影响不明显 □不确定/不清楚
26		3.b　支持研发主要影响发展中国家的传染和非传染性疾病的疫苗和药品，根据《关于与贸易有关的知识产权协议与公共健康的多哈宣言》的规定，提供负担得起的基本药品和疫苗，《多哈宣言》确认发展中国家有权充分利用《与贸易有关的知识产权协议》中关于采用变通办法保护公众健康，尤其是让所有人获得药品的条款	□影响明显 □影响不明显 □不确定/不清楚
27		3.c　大幅加强发展中国家，尤其是最不发达国家和小岛屿发展中国家的卫生筹资，增加其卫生工作者的招聘、培养、培训和留用	□影响明显 □影响不明显 □不确定/不清楚
28		3.d　加强各国，特别是发展中国家早期预警、减少风险，以及管理国家和全球健康风险的能力	□影响明显 □影响不明显 □不确定/不清楚

（续）

序号	目标（17个）	子目标（169个）	受疫情影响程度
29	目标4　确保包容和公平的优质教育，让全民终身享有学习机会	4.1　到2030年，确保所有男女童完成免费、公平和优质的中小学教育，并取得相关和有效的学习成果	□影响明显 □影响不明显 □不确定/不清楚
30		4.2　到2030年，确保所有男女童获得优质幼儿发展、看护和学前教育，为他们接受初级教育做好准备	□影响明显 □影响不明显 □不确定/不清楚
31		4.3　到2030年，确保所有男女平等获得负担得起的优质技术、职业和高等教育，包括大学教育	□影响明显 □影响不明显 □不确定/不清楚
32		4.4　到2030年，大幅增加掌握就业、体面工作和创业所需相关技能，包括技术性和职业性技能的青年和成年人数	□影响明显 □影响不明显 □不确定/不清楚
33		4.5　到2030年，消除教育中的性别差距，确保残疾人、土著居民和处境脆弱儿童等弱势群体平等获得各级教育和职业培训	□影响明显 □影响不明显 □不确定/不清楚
34		4.6　到2030年，确保所有青年和大部分成年男女具有识字和计算能力	□影响明显 □影响不明显 □不确定/不清楚
35		4.7　到2030年，确保所有进行学习的人都掌握可持续发展所需的知识和技能，具体做法包括开展可持续发展、可持续生活方式、人权和性别平等方面的教育，弘扬和平和非暴力文化、提升全球公民意识，以及肯定文化多样性和文化对可持续发展的贡献	□影响明显 □影响不明显 □不确定/不清楚
36		4.a　建立和改善兼顾儿童、残疾和性别平等的教育设施，为所有人提供安全、非暴力、包容和有效的学习环境	□影响明显 □影响不明显 □不确定/不清楚

（续）

序号	目标（17个）	子目标（169个）	受疫情影响程度
37	**目标4　确保包容和公平的优质教育，让全民终身享有学习机会**	4.b　到2020年，在全球范围内大幅增加发达国家和部分发展中国家为发展中国家，特别是最不发达国家、小岛屿发展中国家和非洲国家提供的高等教育奖学金数量，包括职业培训和信息通信技术、技术、工程、科学项目的奖学金	□影响明显 □影响不明显 □不确定/不清楚
38		4.c　到2030年，大幅增加合格教师人数，具体做法包括在发展中国家，特别是最不发达国家和小岛屿发展中国家开展师资培训方面的国际合作	□影响明显 □影响不明显 □不确定/不清楚
39	**目标5　实现性别平等，增强所有妇女和女童的权能**	5.1　在全球消除对妇女和女童一切形式的歧视	□影响明显 □影响不明显 □不确定/不清楚
40		5.2　消除公共和私营部门针对妇女和女童一切形式的暴力行为，包括贩卖、性剥削及其他形式的剥削	□影响明显 □影响不明显 □不确定/不清楚
41		5.3　消除童婚、早婚、逼婚及割礼等一切伤害行为	□影响明显 □影响不明显 □不确定/不清楚
42		5.4　认可和尊重无偿护理和家务，各国可视本国情况提供公共服务、基础设施和社会保护政策，在家庭内部提倡责任共担	□影响明显 □影响不明显 □不确定/不清楚
43		5.5　确保妇女全面有效参与各级政治、经济和公共生活的决策，并享有进入以上各级决策领导层的平等机会	□影响明显 □影响不明显 □不确定/不清楚
44		5.6　根据《国际人口与发展会议行动纲领》《北京行动纲领》及其历次审查会议的成果文件，确保普遍享有性和生殖健康以及生殖权利	□影响明显 □影响不明显 □不确定/不清楚

（续）

序号	目标（17 个）	子目标（169 个）	受疫情影响程度
45	**目标 5 实现性别平等，增强所有妇女和女童的权能**	5.a 根据各国法律进行改革，给予妇女平等获取经济资源的权利，以及享有对土地和其他形式财产的所有权和控制权，获取金融服务、遗产和自然资源	□影响明显 □影响不明显 □不确定/不清楚
46		5.b 加强技术特别是信息和通信技术的应用，以增强妇女权能	□影响明显 □影响不明显 □不确定/不清楚
47		5.c 采用和加强合理的政策和有执行力的立法，促进性别平等，在各级增强妇女和女童权能	□影响明显 □影响不明显 □不确定/不清楚
48	**目标 6 为所有人提供水和环境卫生并对其进行可持续管理**	6.1 到 2030 年，人人普遍和公平获得安全和负担得起的饮用水	□影响明显 □影响不明显 □不确定/不清楚
49		6.2 到 2030 年，人人享有适当和公平的环境卫生和个人卫生，杜绝露天排便，特别注意满足妇女、女童和弱势群体在此方面的需求	□影响明显 □影响不明显 □不确定/不清楚
50		6.3 到 2030 年，通过以下方式改善水质：减少污染，消除倾倒废物现象，把危险化学品和材料的排放减少到最低限度，将未经处理废水比例减半，大幅增加全球废物回收和安全再利用	□影响明显 □影响不明显 □不确定/不清楚
51		6.4 到 2030 年，所有行业大幅提高用水效率，确保可持续取用和供应淡水，以解决缺水问题，大幅减少缺水人数	□影响明显 □影响不明显 □不确定/不清楚
52		6.5 到 2030 年，在各级进行水资源综合管理，包括酌情开展跨境合作	□影响明显 □影响不明显 □不确定/不清楚

（续）

序号	目标（17个）	子目标（169个）	受疫情影响程度
53	**目标6　为所有人提供水和环境卫生并对其进行可持续管理**	6.6　到2020年，保护和恢复与水有关的生态系统，包括山地、森林、湿地、河流、地下含水层和湖泊	□影响明显 □影响不明显 □不确定/不清楚
54		6.a　到2030年，扩大向发展中国家提供的国际合作和能力建设支持，帮助它们开展与水和卫生有关的活动和方案，包括雨水采集、海水淡化、提高用水效率、废水处理、水回收和再利用技术	□影响明显 □影响不明显 □不确定/不清楚
55		6.b　支持和加强地方社区参与改进水和环境卫生管理	□影响明显 □影响不明显 □不确定/不清楚
56	**目标7　确保人人获得负担得起的、可靠和可持续的现代能源**	7.1　到2030年，确保人人都能获得负担得起的、可靠的现代能源服务	□影响明显 □影响不明显 □不确定/不清楚
57		7.2　到2030年，大幅增加可再生能源在全球能源结构中的比例	□影响明显 □影响不明显 □不确定/不清楚
58		7.3　到2030年，全球能效改善率提高一倍	□影响明显 □影响不明显 □不确定/不清楚
59		7.a　到2030年，加强国际合作，促进获取清洁能源的研究和技术，包括可再生能源、能效，以及先进和更清洁的化石燃料技术，并促进对能源基础设施和清洁能源技术的投资	□影响明显 □影响不明显 □不确定/不清楚
60		7.b　到2030年，增建基础设施并进行技术升级，以便根据发展中国家，特别是最不发达国家、小岛屿发展中国家和内陆发展中国家各自的支持方案，为所有人提供可持续的现代能源服务	□影响明显 □影响不明显 □不确定/不清楚

（续）

序号	目标（17个）	子目标（169个）	受疫情影响程度
61	**目标8　促进持久、包容和可持续经济增长，促进充分的生产性就业和人人获得体面工作**	8.1　根据各国国情维持人均经济增长，特别是将最不发达国家国内生产总值年增长率至少维持在7%	□影响明显 □影响不明显 □不确定/不清楚
62		8.2　通过多样化经营、技术升级和创新，包括重点发展高附加值和劳动密集型行业，实现更高水平的经济生产力	□影响明显 □影响不明显 □不确定/不清楚
63		8.3　推行以发展为导向的政策，支持生产性活动、体面就业、创业精神、创造力和创新；鼓励微型和中小型企业通过获取金融服务等方式实现正规化并成长壮大	□影响明显 □影响不明显 □不确定/不清楚
64		8.4　到2030年，逐步改善全球消费和生产的资源使用效率，按照《可持续消费和生产模式方案十年框架》，努力使经济增长和环境退化脱钩，发达国家应在上述工作中做出表率	□影响明显 □影响不明显 □不确定/不清楚
65		8.5　到2030年，所有男女，包括青年和残疾人实现充分和生产性就业，有体面工作，并做到同工同酬	□影响明显 □影响不明显 □不确定/不清楚
66		8.6　到2020年，大幅减少未就业和未受教育或培训的青年人比例	□影响明显 □影响不明显 □不确定/不清楚
67		8.7　立即采取有效措施，根除强制劳动、现代奴隶制和贩卖人口，禁止和消除最恶劣形式的童工，包括招募和利用童兵，到2025年终止一切形式的童工	□影响明显 □影响不明显 □不确定/不清楚
68		8.8　保护劳工权利，推动为所有工人，包括移民工人，特别是女性移民和没有稳定工作的人创造安全和有保障的工作环境	□影响明显 □影响不明显 □不确定/不清楚

（续）

序号	目标（17个）	子目标（169个）	受疫情影响程度
69	**目标8　促进持久、包容和可持续经济增长，促进充分的生产性就业和人人获得体面工作**	8.9　到2030年，制定和执行推广可持续旅游的政策，以创造就业机会，促进地方文化和产品	□影响明显 □影响不明显 □不确定/不清楚
70		8.10　加强国内金融机构的能力，鼓励并扩大全民获得银行、保险和金融服务的机会	□影响明显 □影响不明显 □不确定/不清楚
71		8.a　增加向发展中国家，特别是最不发达国家提供的促贸援助支持，包括通过《为最不发达国家提供贸易技术援助的强化综合框架》提供上述支持	□影响明显 □影响不明显 □不确定/不清楚
72		8.b　到2020年，拟定和实施青年就业全球战略，并执行国际劳工组织的《全球就业契约》	□影响明显 □影响不明显 □不确定/不清楚
73	**目标9　建造具备抵御灾害能力的基础设施，促进具有包容性的可持续工业化，推动创新**	9.1　发展优质、可靠、可持续和有抵御灾害能力的基础设施，包括区域和跨境基础设施，以支持经济发展和提升人类福祉，重点是人人可负担得起并公平利用上述基础设施	□影响明显 □影响不明显 □不确定/不清楚
74		9.2　促进包容可持续工业化，到2030年，根据各国国情，大幅提高工业在就业和国内生产总值中的比例，使最不发达国家的这一比例翻番	□影响明显 □影响不明显 □不确定/不清楚
75		9.3　增加小型工业和其他企业，特别是发展中国家的这些企业获得金融服务，包括负担得起的信贷的机会，将上述企业纳入价值链和市场	□影响明显 □影响不明显 □不确定/不清楚

（续）

序号	目标（17 个）	子目标（169 个）	受疫情影响程度
76	**目标 9　建造具备抵御灾害能力的基础设施，促进具有包容性的可持续工业化，推动创新**	9.4　到 2030 年，所有国家根据自身能力采取行动，升级基础设施，改进工业以提升其可持续性，提高资源使用效率，更多采用清洁和环保技术及产业流程	□影响明显 □影响不明显 □不确定/不清楚
77		9.5　在所有国家，特别是发展中国家，加强科学研究，提升工业部门的技术能力，包括到 2030 年，鼓励创新，大幅增加每 100 万人口中的研发人员数量，并增加公共和私人研发支出	□影响明显 □影响不明显 □不确定/不清楚
78		9.a　向非洲国家、最不发达国家、内陆发展中国家和小岛屿发展中国家提供更多的财政、技术和技能支持，以促进其开发有抵御灾害能力的可持续基础设施	□影响明显 □影响不明显 □不确定/不清楚
79		9.b　支持发展中国家的国内技术开发、研究与创新，包括提供有利的政策环境，以实现工业多样化，增加商品附加值	□影响明显 □影响不明显 □不确定/不清楚
80		9.c　大幅提升信息和通信技术的普及度，力争到 2020 年在最不发达国家以低廉的价格普遍提供因特网服务	□影响明显 □影响不明显 □不确定/不清楚
81	**目标 10　减少国家内部和国家之间的不平等**	10.1　到 2030 年，逐步实现和维持最底层 40%人口的收入增长，并确保其增长率高于全国平均水平	□影响明显 □影响不明显 □不确定/不清楚
82		10.2　到 2030 年，增强所有人的权能，促进他们融入社会、经济和政治生活，而不论其年龄、性别、残疾与否、种族、族裔、出身、宗教信仰、经济地位或其他任何区别	□影响明显 □影响不明显 □不确定/不清楚

（续）

序号	目标（17个）	子目标（169个）	受疫情影响程度
83	目标10 减少国家内部和国家之间的不平等	10.3 确保机会均等，减少结果不平等现象，包括取消歧视性法律、政策和做法，推动与上述努力相关的适当立法、政策和行动	□影响明显 □影响不明显 □不确定/不清楚
84		10.4 采取政策，特别是财政、薪资和社会保障政策，逐步实现更大的平等	□影响明显 □影响不明显 □不确定/不清楚
85		10.5 改善对全球金融市场和金融机构的监管和监测，并加强上述监管措施的执行	□影响明显 □影响不明显 □不确定/不清楚
86		10.6 确保发展中国家在国际经济和金融机构决策过程中有更大的代表性和发言权，以建立更加有效、可信、负责和合法的机构	□影响明显 □影响不明显 □不确定/不清楚
87		10.7 促进有序、安全、正常和负责的移民和人口流动，包括执行合理规划和管理完善的移民政策	□影响明显 □影响不明显 □不确定/不清楚
88		10.a 根据世界贸易组织的各项协议，落实对发展中国家，特别是最不发达国家的特殊和区别待遇原则	□影响明显 □影响不明显 □不确定/不清楚
89		10.b 鼓励根据最需要帮助的国家，特别是最不发达国家、非洲国家、小岛屿发展中国家和内陆发展中国家的国家计划和方案，向其提供官方发展援助和资金，包括外国直接投资	□影响明显 □影响不明显 □不确定/不清楚
90		10.c 到2030年，将移民汇款手续费减至3%以下，取消费用高于5%的侨汇渠道	□影响明显 □影响不明显 □不确定/不清楚

（续）

序号	目标（17 个）	子目标（169 个）	受疫情影响程度
91	**目标 11 建设包容、安全、有抵御灾害能力和可持续的城市和人类住区**	11.1 到 2030 年，确保人人获得适当、安全和负担得起的住房和基本服务，并改造贫民窟	□影响明显 □影响不明显 □不确定/不清楚
92		11.2 到 2030 年，向所有人提供安全、负担得起的、易于利用、可持续的交通运输系统，改善道路安全，特别是扩大公共交通，要特别关注处境脆弱者、妇女、儿童、残疾人和老年人的需要	□影响明显 □影响不明显 □不确定/不清楚
93		11.3 到 2030 年，在所有国家加强包容和可持续的城市建设，加强参与性、综合性、可持续的人类住区规划和管理能力	□影响明显 □影响不明显 □不确定/不清楚
94		11.4 进一步努力保护和捍卫世界文化和自然遗产	□影响明显 □影响不明显 □不确定/不清楚
95		11.5 到 2030 年，大幅减少包括水灾在内的各种灾害造成的死亡人数和受灾人数，大幅减少上述灾害造成的与全球国内生产总值有关的直接经济损失，重点保护穷人和处境脆弱群体	□影响明显 □影响不明显 □不确定/不清楚
96		11.6 到 2030 年，减少城市的人均负面环境影响，包括特别关注空气质量，以及城市废物管理等	□影响明显 □影响不明显 □不确定/不清楚
97		11.7 到 2030 年，向所有人，特别是妇女、儿童、老年人和残疾人，普遍提供安全、包容、无障碍、绿色的公共空间	□影响明显 □影响不明显 □不确定/不清楚
98		11.a 通过加强国家和区域发展规划，支持在城市、近郊和农村地区之间建立积极的经济、社会和环境联系	□影响明显 □影响不明显 □不确定/不清楚

（续）

序号	目标（17 个）	子目标（169 个）	受疫情影响程度
99	**目标 11　建设包容、安全、有抵御灾害能力和可持续的城市和人类住区**	11.b　到 2020 年，大幅增加采取和实施综合政策和计划以构建包容、资源使用效率高、减缓和适应气候变化、具有抵御灾害能力的城市和人类住区数量，并根据《2015—2030 年仙台减少灾害风险框架》在各级建立和实施全面的灾害风险管理	□影响明显 □影响不明显 □不确定/不清楚
100		11.c　通过财政和技术援助等方式，支持最不发达国家就地取材，建造可持续的，有抵御灾害能力的建筑	□影响明显 □影响不明显 □不确定/不清楚
101	**目标 12　采用可持续的消费和生产模式**	12.1　各国在照顾发展中国家发展水平和能力的基础上，落实《可持续消费和生产模式十年方案框架》，发达国家在此方面要做出表率	□影响明显 □影响不明显 □不确定/不清楚
102		12.2　到 2030 年，实现自然资源的可持续管理和高效利用	□影响明显 □影响不明显 □不确定/不清楚
103		12.3　到 2030 年，将零售和消费环节的全球人均粮食浪费减半，减少生产和供应环节的粮食损失，包括收获后的损失	□影响明显 □影响不明显 □不确定/不清楚
104		12.4　到 2020 年，根据商定的国际框架，实现化学品和所有废物在整个存在周期的无害环境管理，并大幅减少它们排入大气以及渗漏到水和土壤的概率，尽可能降低它们对人类健康和环境造成的负面影响	□影响明显 □影响不明显 □不确定/不清楚
105		12.5　到 2030 年，通过预防、减排、回收和再利用，大幅减少废物的产生	□影响明显 □影响不明显 □不确定/不清楚

（续）

序号	目标（17 个）	子目标（169 个）	受疫情影响程度
106	**目标 12　采用可持续的消费和生产模式**	12.6　鼓励各个公司，特别是大公司和跨国公司，采用可持续的做法，并将可持续性信息纳入各自报告周期	□影响明显 □影响不明显 □不确定/不清楚
107		12.7　根据国家政策和优先事项，推行可持续的公共采购做法	□影响明显 □影响不明显 □不确定/不清楚
108		12.8　到 2030 年，确保各国人民都能获取关于可持续发展以及与自然和谐的生活方式的信息并具有上述意识	□影响明显 □影响不明显 □不确定/不清楚
109		12.a　支持发展中国家加强科学和技术能力，采用更可持续的生产和消费模式	□影响明显 □影响不明显 □不确定/不清楚
110		12.b　开发和利用各种工具，监测能创造就业机会、促进地方文化和产品的可持续旅游业对促进可持续发展产生的影响	□影响明显 □影响不明显 □不确定/不清楚
111		12.c　对鼓励浪费性消费的低效化石燃料补贴进行合理化调整，为此，应根据各国国情消除市场扭曲，包括调整税收结构，逐步取消有害补贴以反映其环境影响，同时充分考虑发展中国家的特殊需求和情况，尽可能减少对其发展可能产生的不利影响并注意保护穷人和受影响社区	□影响明显 □影响不明显 □不确定/不清楚
112	**目标 13　采取紧急行动应对气候变化及其影响**	13.1　加强各国抵御和适应气候相关的灾害和自然灾害的能力	□影响明显 □影响不明显 □不确定/不清楚
113		13.2　将应对气候变化的举措纳入国家政策、战略和规划	□影响明显 □影响不明显 □不确定/不清楚

（续）

序号	目标（17个）	子目标（169个）	受疫情影响程度
114	目标13　采取紧急行动应对气候变化及其影响	13.3　加强气候变化减缓、适应、减少影响和早期预警等方面的教育和宣传，加强人员和机构在此方面的能力	□影响明显 □影响不明显 □不确定/不清楚
115		13.a　发达国家履行在《联合国气候变化框架公约》下的承诺，即到2020年每年从各种渠道共同筹资1 000亿美元，满足发展中国家的需求，帮助其切实开展减缓行动，提高履约的透明度，并尽快向绿色气候基金注资，使其全面投入运行	□影响明显 □影响不明显 □不确定/不清楚
116		13.b　促进在最不发达国家和小岛屿发展中国家建立增强能力的机制，帮助其进行与气候变化有关的有效规划和管理，包括重点关注妇女、青年、地方社区和边缘化社区	□影响明显 □影响不明显 □不确定/不清楚
117	目标14　保护和可持续利用海洋和海洋资源以促进可持续发展	14.1　到2025年，预防和大幅减少各类海洋污染，特别是陆上活动造成的污染，包括海洋废弃物污染和营养盐污染	□影响明显 □影响不明显 □不确定/不清楚
118		14.2　到2020年，通过加强抵御灾害能力等方式，可持续管理和保护海洋和沿海生态系统，以免产生重大负面影响，并采取行动帮助它们恢复原状，使海洋保持健康，物产丰富	□影响明显 □影响不明显 □不确定/不清楚
119		14.3　通过在各层级加强科学合作等方式，减少和应对海洋酸化的影响	□影响明显 □影响不明显 □不确定/不清楚
120		14.4　到2020年，有效规范捕捞活动，终止过度、非法、未报告和无管制的捕捞活动以及破坏性捕捞做法，执行科学的管理计划，以便在尽可能短的时间内使鱼群量至少恢复到其生态特征允许的能产生最高可持续产量的水平	□影响明显 □影响不明显 □不确定/不清楚

（续）

序号	目标（17 个）	子目标（169 个）	受疫情影响程度
121	目标 14　保护和可持续利用海洋和海洋资源以促进可持续发展	14.5　到 2020 年，根据国内和国际法，并基于现有的最佳科学资料，保护至少 10%的沿海和海洋区域	□影响明显 □影响不明显 □不确定/不清楚
122		14.6　到 2020 年，禁止某些助长过剩产能和过度捕捞的渔业补贴，取消助长非法、未报告和无管制捕捞活动的补贴，避免出台新的这类补贴，同时承认给予发展中国家和最不发达国家合理、有效的特殊和差别待遇应是世界贸易组织渔业补贴谈判的一个不可或缺的组成部分	□影响明显 □影响不明显 □不确定/不清楚
123		14.7　到 2030 年，增加小岛屿发展中国家和最不发达国家通过可持续利用海洋资源获得的经济收益，包括可持续地管理渔业、水产养殖业和旅游业	□影响明显 □影响不明显 □不确定/不清楚
124		14.a　根据政府间海洋学委员会《海洋技术转让标准和准则》，增加科学知识，培养研究能力和转让海洋技术，以便改善海洋的健康，增加海洋生物多样性对发展中国家，特别是小岛屿发展中国家和最不发达国家发展的贡献	□影响明显 □影响不明显 □不确定/不清楚
125		14.b　向小规模个体渔民提供获取海洋资源和市场准入机会	□影响明显 □影响不明显 □不确定/不清楚
126		14.c　按照《我们希望的未来》第 158 段所述，根据《联合国海洋法公约》所规定的保护和可持续利用海洋及其资源的国际法律框架，加强海洋和海洋资源的保护和可持续利用	□影响明显 □影响不明显 □不确定/不清楚

（续）

序号	目标（17个）	子目标（169个）	受疫情影响程度
127	目标15 保护、恢复和促进可持续利用陆地生态系统，可持续管理森林，防治荒漠化，制止和扭转土地退化，遏制生物多样性的丧失	15.1 到2020年，根据国际协议规定的义务，保护、恢复和可持续利用陆地和内陆的淡水生态系统及其服务，特别是森林、湿地、山麓和旱地	□影响明显 □影响不明显 □不确定/不清楚
128		15.2 到2020年，推动对所有类型森林进行可持续管理，停止毁林，恢复退化的森林，大幅增加全球植树造林和重新造林	□影响明显 □影响不明显 □不确定/不清楚
129		15.3 到2030年，防治荒漠化，恢复退化的土地和土壤，包括受荒漠化、干旱和洪涝影响的土地，努力建立一个不再出现土地退化的世界	□影响明显 □影响不明显 □不确定/不清楚
130		15.4 到2030年，保护山地生态系统，包括其生物多样性，以便加强山地生态系统的能力，使其能够带来对可持续发展必不可少的益处	□影响明显 □影响不明显 □不确定/不清楚
131		15.5 采取紧急重大行动来减少自然栖息地的退化，遏制生物多样性的丧失，到2020年，保护受威胁物种，防止其灭绝	□影响明显 □影响不明显 □不确定/不清楚
132		15.6 根据国际共识，公正和公平地分享利用遗传资源产生的利益，促进适当获取这类资源	□影响明显 □影响不明显 □不确定/不清楚
133		15.7 采取紧急行动，终止偷猎和贩卖受保护的动植物物种，处理非法野生动植物产品的供求问题	□影响明显 □影响不明显 □不确定/不清楚
134		15.8 到2020年，采取措施防止引入外来入侵物种并大幅减少其对土地和水域生态系统的影响，控制或消灭其中的重点物种	□影响明显 □影响不明显 □不确定/不清楚

（续）

序号	目标（17个）	子目标（169个）	受疫情影响程度
135	**目标 15　保护、恢复和促进可持续利用陆地生态系统，可持续管理森林，防治荒漠化，制止和扭转土地退化，遏制生物多样性的丧失**	15.9　到 2020 年，把生态系统和生物多样性价值观纳入国家和地方规划、发展进程、减贫战略和核算	□影响明显 □影响不明显 □不确定/不清楚
136		15.a　从各种渠道动员并大幅增加财政资源，以保护和可持续利用生物多样性和生态系统	□影响明显 □影响不明显 □不确定/不清楚
137		15.b　从各种渠道大幅动员资源，从各个层级为可持续森林管理提供资金支持，并为发展中国家推进可持续森林管理，包括保护森林和重新造林，提供充足的激励措施	□影响明显 □影响不明显 □不确定/不清楚
138		15.c　在全球加大支持力度，打击偷猎和贩卖受保护物种，包括增加地方社区实现可持续生计的机会	□影响明显 □影响不明显 □不确定/不清楚
139	**目标 16　创建和平、包容的社会以促进可持续发展，让所有人都能诉诸司法，在各级建立有效、负责和包容的机构**	16.1　在全球大幅减少一切形式的暴力和相关的死亡率	□影响明显 □影响不明显 □不确定/不清楚
140		16.2　制止对儿童进行虐待、剥削、贩卖以及一切形式的暴力和酷刑	□影响明显 □影响不明显 □不确定/不清楚
141		16.3　在国家和国际层面促进法治，确保所有人都有平等诉诸司法的机会	□影响明显 □影响不明显 □不确定/不清楚
142		16.4　到 2030 年，大幅减少非法资金和武器流动，加强追赃和被盗资产返还力度，打击一切形式的有组织犯罪	□影响明显 □影响不明显 □不确定/不清楚

（续）

序号	目标（17个）	子目标（169个）	受疫情影响程度
143	**目标 16 创建和平、包容的社会以促进可持续发展，让所有人都能诉诸司法，在各级建立有效、负责和包容的机构**	16.5 大幅减少一切形式的腐败和贿赂行为	□影响明显 □影响不明显 □不确定/不清楚
144		16.6 在各级建立有效、负责和透明的机构	□影响明显 □影响不明显 □不确定/不清楚
145		16.7 确保各级的决策反应迅速，具有包容性、参与性和代表性	□影响明显 □影响不明显 □不确定/不清楚
146		16.8 扩大和加强发展中国家对全球治理机构的参与	□影响明显 □影响不明显 □不确定/不清楚
147		16.9 到2030年，为所有人提供法律身份，包括出生登记	□影响明显 □影响不明显 □不确定/不清楚
148		16.10 根据国家立法和国际协议，确保公众获得各种信息，保障基本自由	□影响明显 □影响不明显 □不确定/不清楚
149		16.a 通过开展国际合作等方式加强相关国家机制，在各层级提高各国尤其是发展中国家的能力建设，以预防暴力，打击恐怖主义和犯罪行为	□影响明显 □影响不明显 □不确定/不清楚
150		16.b 推动和实施非歧视性法律和政策以促进可持续发展	□影响明显 □影响不明显 □不确定/不清楚

（续）

序号	目标（17 个）	子目标（169 个）		受疫情影响程度
151	目标 17　加强执行手段，重振可持续发展全球伙伴关系	筹资	17.1　通过向发展中国家提供国际支持等方式，改善国内征税和提高财政收入的能力，加强筹集国内资源	□影响明显 □影响不明显 □不确定/不清楚
152			17.2　发达国家全面履行官方发展援助承诺，包括许多发达国家向发展中国家提供占发达国家国民总收入 0.7%的官方发展援助，以及向最不发达国家提供占比 0.15%至 0.2%援助的承诺；鼓励官方发展援助方设定目标，将占国民总收入至少 0.2%的官方发展援助提供给最不发达国家	□影响明显 □影响不明显 □不确定/不清楚
153			17.3　从多渠道筹集额外财政资源用于发展中国家	□影响明显 □影响不明显 □不确定/不清楚
154			17.4　通过政策协调，酌情推动债务融资、债务减免和债务重组，以帮助发展中国家实现长期债务可持续性，处理重债穷国的外债问题以减轻其债务压力	□影响明显 □影响不明显 □不确定/不清楚
155			17.5　采用和实施对最不发达国家的投资促进制度	□影响明显 □影响不明显 □不确定/不清楚
156		技术	17.6　加强在科学、技术和创新领域的南北、南南、三方区域合作和国际合作，加强获取渠道，加强按相互商定的条件共享知识，包括加强现有机制间的协调，特别是在联合国层面加强协调，以及通过一个全球技术促进机制加强协调	□影响明显 □影响不明显 □不确定/不清楚

（续）

序号	目标（17个）	子目标（169个）		受疫情影响程度
157	目标17　加强执行手段，重振可持续发展全球伙伴关系	技术	17.7　以优惠条件，包括彼此商定的减让和特惠条件，促进发展中国家开发以及向其转让、传播和推广环境友好型的技术	□影响明显 □影响不明显 □不确定/不清楚
158			17.8　促成最不发达国家的技术库和科学、技术和创新能力建设机制到2017年全面投入运行，加强促成科技特别是信息和通信技术的使用	□影响明显 □影响不明显 □不确定/不清楚
159		能力建设	17.9　加强国际社会对在发展中国家开展高效的、有针对性的能力建设活动的支持力度，以支持各国落实各项可持续发展目标的国家计划，包括通过开展南北合作、南南合作和三方合作	□影响明显 □影响不明显 □不确定/不清楚
160		贸易	17.10　通过完成多哈发展回合谈判等方式，推动在世界贸易组织下建立一个普遍、以规则为基础、开放、非歧视和公平的多边贸易体系	□影响明显 □影响不明显 □不确定/不清楚
161			17.11　大幅增加发展中国家的出口，尤其是到2020年使最不发达国家在全球出口中的比例翻番	□影响明显 □影响不明显 □不确定/不清楚
162			17.12　按照世界贸易组织的各项决定，及时实现所有最不发达国家的产品永久免关税和免配额进入市场，包括确保对从最不发达国家进口产品的原产地优惠规则是简单、透明和有利于市场准入的	□影响明显 □影响不明显 □不确定/不清楚

（续）

序号	目标（17 个）	子目标（169 个）			受疫情影响程度
163	**目标 17 加强执行手段，重振可持续发展全球伙伴关系**	系统性问题	政策和机制的一致性	17.13 加强全球宏观经济稳定，包括为此加强政策协调和政策一致性	□影响明显 □影响不明显 □不确定/不清楚
164				17.14 加强可持续发展政策的一致性	□影响明显 □影响不明显 □不确定/不清楚
165				17.15 尊重每个国家制定和执行消除贫困和可持续发展政策的政策空间和领导作用	□影响明显 □影响不明显 □不确定/不清楚
166			多利益攸关方伙伴关系	17.16 加强全球可持续发展伙伴关系，以多利益攸关方伙伴关系作为补充，调动和分享知识、专长、技术和财政资源，以支持所有国家，尤其是发展中国家实现可持续发展目标	□影响明显 □影响不明显 □不确定/不清楚
167				17.17 借鉴伙伴关系的经验和筹资战略，鼓励和推动建立有效的公共、公私和民间社会伙伴关系	□影响明显 □影响不明显 □不确定/不清楚
168			数据、监测和问责	17.18 到 2020 年，加强向发展中国家，包括最不发达国家和小岛屿发展中国家提供的能力建设支持，大幅增加获得按收入、性别、年龄、种族、民族、移徙情况、残疾情况、地理位置和各国国情有关的其他特征分类的高质量、及时和可靠的数据	□影响明显 □影响不明显 □不确定/不清楚
169				17.19 到 2030 年，借鉴现有各项倡议，制定衡量可持续发展进展的计量方法，作为对国内生产总值的补充，协助发展中国家加强统计能力建设	□影响明显 □影响不明显 □不确定/不清楚

附录二

APPENDIX 2

SDGs 受新冠肺炎疫情影响程度

本研究将新冠肺炎疫情对2030年可持续发展目标中的169个子目标的影响程度分为“影响明显”“影响不明显”和“不确定/不清楚”三类，对10位来自高校、国际组织、国内组织及其他长期从事可持续发展领域研究的专家学者进行问卷调查，得出的具体调研结果如下表所示。

序号	目标（17个）	子目标（169个）	受疫情影响程度
1	**目标1　在全世界消除一切形式的贫困**	1.1　到2030年，在全球所有人口中消除极端贫困，极端贫困目前的衡量标准是每人每日生活费不足1.25美元	影响明显
2		1.2　到2030年，按各国标准界定的陷入各种形式贫困的各年龄段男女和儿童至少减半	影响明显
3		1.3　执行适合本国国情的全民社会保障制度和措施，包括最低标准，到2030年在较大程度上覆盖穷人和弱势群体	影响明显
4		1.4　到2030年，确保所有男女，特别是穷人和弱势群体，享有平等获取经济资源的权利，享有基本服务，获得对土地和其他形式财产的所有权和控制权，继承遗产，获取自然资源、适当的新技术和包括小额信贷在内的金融服务	影响明显*

（续）

序号	目标（17 个）	子目标（169 个）	受疫情影响程度
5	目标 1　在全世界消除一切形式的贫困	1.5　到 2030 年，增强穷人和弱势群体的抵御灾害能力，降低其遭受极端天气事件和其他经济、社会、环境冲击和灾害的概率和易受影响程度	影响明显
6		1.a　确保从各种来源，包括通过加强发展合作充分调集资源，为发展中国家，特别是最不发达国家提供充足、可预见的手段以执行相关计划和政策，消除一切形式的贫困	影响明显
7		1.b　根据惠及贫困人口和顾及性别平等问题的发展战略，在国家、区域和国际层面制定合理的政策框架，支持加快对消贫行动的投资	影响明显
8	目标 2　消除饥饿，实现粮食安全，改善营养状况和促进可持续农业	2.1　到 2030 年，消除饥饿，确保所有人，特别是穷人和弱势群体，包括婴儿，全年都有安全、营养和充足的食物	影响明显
9		2.2　到 2030 年，消除一切形式的营养不良，包括到 2025 年实现 5 岁以下儿童发育迟缓和消瘦问题相关国际目标，解决青春期少女、孕妇、哺乳期妇女和老年人的营养需求	影响明显
10		2.3　到 2030 年，实现农业生产力翻倍和小规模粮食生产者，特别是妇女、土著居民、农户、牧民和渔民的收入翻番，具体做法包括确保平等获得土地、其他生产资源和要素、知识、金融服务、市场以及增值和非农就业机会	影响不明显
11		2.4　到 2030 年，确保建立可持续粮食生产体系并执行具有抗灾能力的农作方法，以提高生产力和产量，帮助维护生态系统，加强适应气候变化、极端天气、干旱、洪涝和其他灾害的能力，逐步改善土地和土壤质量	影响不明显

（续）

序号	目标（17个）	子目标（169个）	受疫情影响程度
12	**目标2　消除饥饿，实现粮食安全，改善营养状况和促进可持续农业**	2.5　到2020年，通过在国家、区域和国际层面建立管理得当、多样化的种子和植物库，保持种子、种植作物、养殖和驯养的动物及与之相关的野生物种的基因多样性；根据国际商定原则获取及公正、公平地分享利用基因资源和相关传统知识产生的惠益	影响不明显
13		2.a　通过加强国际合作等方式，增加对农村基础设施、农业研究和推广服务、技术开发、植物和牲畜基因库的投资，以增强发展中国家，特别是最不发达国家的农业生产能力	影响明显
14		2.b　根据多哈发展回合授权，纠正和防止世界农业市场上的贸易限制和扭曲，包括同时取消一切形式的农业出口补贴和具有相同作用的所有出口措施	影响不明显
15		2.c　采取措施，确保粮食商品市场及其衍生工具正常发挥作用，确保及时获取包括粮食储备量在内的市场信息，限制粮价剧烈波动	影响不明显
16	**目标3　确保健康的生活方式，促进各年龄段人群的福祉**	3.1　到2030年，全球孕产妇每10万例活产的死亡率降至70人以下	影响不明显
17		3.2　到2030年，消除新生儿和5岁以下儿童可预防的死亡，各国争取将新生儿每1 000例活产的死亡率至少降至12例，5岁以下儿童每1 000例活产的死亡率至少降至25例	影响明显
18		3.3　到2030年，消除艾滋病、结核病、疟疾和被忽视的热带疾病等流行病，抗击肝炎、水传播疾病和其他传染病	影响明显

（续）

序号	目标（17个）	子目标（169个）	受疫情影响程度
19	**目标3　确保健康的生活方式，促进各年龄段人群的福祉**	3.4　到2030年，通过预防、治疗及促进身心健康，将非传染性疾病导致的过早死亡减少1/3	影响明显
20		3.5　加强对滥用药物包括滥用麻醉药品和有害使用酒精的预防和治疗	影响不明显
21		3.6　到2020年，全球公路交通事故造成的死伤人数减半	影响不明显
22		3.7　到2030年，确保普及性健康和生殖健康保健服务，包括计划生育、信息获取和教育，将生殖健康纳入国家战略和方案	影响不明显
23		3.8　实现全民健康保障，包括提供金融风险保护，人人享有优质的基本保健服务，人人获得安全、有效、优质和负担得起的基本药品和疫苗	影响明显
24		3.9　到2030年，大幅减少危险化学品以及空气、水和土壤污染导致的死亡和患病人数	影响不明显
25		3.a　酌情在所有国家加强执行《世界卫生组织烟草控制框架公约》	影响不明显
26		3.b　支持研发主要影响发展中国家的传染和非传染性疾病的疫苗和药品，根据《关于与贸易有关的知识产权协议与公共健康的多哈宣言》的规定，提供负担得起的基本药品和疫苗，《多哈宣言》确认发展中国家有权充分利用《与贸易有关的知识产权协议》中关于采用变通办法保护公众健康，尤其是让所有人获得药品的条款	影响明显*

（续）

序号	目标（17 个）	子目标（169 个）	受疫情影响程度
27	**目标 3　确保健康的生活方式，促进各年龄段人群的福祉**	3.c　大幅加强发展中国家，尤其是最不发达国家和小岛屿发展中国家的卫生筹资，增加其卫生工作者的招聘、培养、培训和留用	影响明显*
28		3.d 加强各国，特别是发展中国家早期预警、减少风险，以及管理国家和全球健康风险的能力	影响明显*
29	**目标 4　确保包容和公平的优质教育，让全民终身享有学习机会**	4.1　到 2030 年，确保所有男女童完成免费、公平和优质的中小学教育，并取得相关和有效的学习成果	影响明显
30		4.2　到 2030 年，确保所有男女童获得优质幼儿发展、看护和学前教育，为他们接受初级教育做好准备	影响明显
31		4.3　到 2030 年，确保所有男女平等获得负担得起的优质技术、职业和高等教育，包括大学教育	影响明显
32		4.4　到 2030 年，大幅增加掌握就业、体面工作和创业所需相关技能，包括技术性和职业性技能的青年和成年人数	影响明显
33		4.5　到 2030 年，消除教育中的性别差距，确保残疾人、土著居民和处境脆弱儿童等弱势群体平等获得各级教育和职业培训	影响明显
34		4.6　到 2030 年，确保所有青年和大部分成年男女具有识字和计算能力	影响明显
35		4.7　到 2030 年，确保所有进行学习的人都掌握可持续发展所需的知识和技能，具体做法包括开展可持续发展、可持续生活方式、人权和性别平等方面的教育，弘扬和平和非暴力文化、提升全球公民意识，以及肯定文化多样性和文化对可持续发展的贡献	影响明显*

（续）

序号	目标（17个）	子目标（169个）	受疫情影响程度
36	**目标4 确保包容和公平的优质教育，让全民终身享有学习机会**	4.a 建立和改善兼顾儿童、残疾和性别平等的教育设施，为所有人提供安全、非暴力、包容和有效的学习环境	影响明显
37		4.b 到2020年，在全球范围内大幅增加发达国家和部分发展中国家为发展中国家，特别是最不发达国家、小岛屿发展中国家和非洲国家提供的高等教育奖学金数量，包括职业培训和信息通信技术、技术、工程、科学项目的奖学金	影响明显*
38		4.c 到2030年，大幅增加合格教师人数，具体做法包括在发展中国家，特别是最不发达国家和小岛屿发展中国家开展师资培训方面的国际合作	影响明显
39	**目标5 实现性别平等，增强所有妇女和女童的权能**	5.1 在全球消除对妇女和女童一切形式的歧视	影响不明显
40		5.2 消除公共和私营部门针对妇女和女童一切形式的暴力行为，包括贩卖、性剥削及其他形式的剥削	影响不明显
41		5.3 消除童婚、早婚、逼婚及割礼等一切伤害行为	影响不明显
42		5.4 认可和尊重无偿护理和家务，各国可视本国情况提供公共服务、基础设施和社会保护政策，在家庭内部提倡责任共担	影响明显
43		5.5 确保妇女全面有效参与各级政治、经济和公共生活的决策，并享有进入以上各级决策领导层的平等机会	影响不明显

（续）

序号	目标（17个）	子目标（169个）	受疫情影响程度
44	**目标5　实现性别平等，增强所有妇女和女童的权能**	5.6　根据《国际人口与发展会议行动纲领》《北京行动纲领》及其历次审查会议的成果文件，确保普遍享有性和生殖健康以及生殖权利	影响不明显
45	**目标5　实现性别平等，增强所有妇女和女童的权能**	5.a　根据各国法律进行改革，给予妇女平等获取经济资源的权利，以及享有对土地和其他形式财产的所有权和控制权，获取金融服务、遗产和自然资源	影响不明显
46	**目标5　实现性别平等，增强所有妇女和女童的权能**	5.b　加强技术特别是信息和通信技术的应用，以增强妇女权能	影响不明显
47	**目标5　实现性别平等，增强所有妇女和女童的权能**	5.c　采用和加强合理的政策和有执行力的立法，促进性别平等，在各级增强妇女和女童权能	影响不明显
48	**目标6　为所有人提供水和环境卫生并对其进行可持续管理**	6.1　到2030年，人人普遍和公平获得安全和负担得起的饮用水	影响明显
49	**目标6　为所有人提供水和环境卫生并对其进行可持续管理**	6.2　到2030年，人人享有适当和公平的环境卫生和个人卫生，杜绝露天排便，特别注意满足妇女、女童和弱势群体在此方面的需求	影响明显
50	**目标6　为所有人提供水和环境卫生并对其进行可持续管理**	6.3　到2030年，通过以下方式改善水质：减少污染，消除倾倒废物现象，把危险化学品和材料的排放减少到最低限度，将未经处理废水比例减半，大幅增加全球废物回收和安全再利用	影响明显*
51	**目标6　为所有人提供水和环境卫生并对其进行可持续管理**	6.4　到2030年，所有行业大幅提高用水效率，确保可持续取用和供应淡水，以解决缺水问题，大幅减少缺水人数	影响不明显

（续）

序号	目标（17 个）	子目标（169 个）	受疫情影响程度
52	目标 6　为所有人提供水和环境卫生并对其进行可持续管理	6.5　到 2030 年，在各级进行水资源综合管理，包括酌情开展跨境合作	影响明显*
53		6.6　到 2020 年，保护和恢复与水有关的生态系统，包括山地、森林、湿地、河流、地下含水层和湖泊	影响不明显
54		6.a　到 2030 年，扩大向发展中国家提供的国际合作和能力建设支持，帮助它们开展与水和卫生有关的活动和方案，包括雨水采集、海水淡化、提高用水效率、废水处理、水回收和再利用技术	影响明显
55		6.b　支持和加强地方社区参与改进水和环境卫生管理	影响明显*
56	目标 7　确保人人获得负担得起的、可靠和可持续的现代能源	7.1　到 2030 年，确保人人都能获得负担得起的、可靠的现代能源服务	影响明显
57		7.2　到 2030 年，大幅增加可再生能源在全球能源结构中的比例	影响不明显
58		7.3　到 2030 年，全球能效改善率提高一倍	影响不明显
59		7.a　到 2030 年，加强国际合作，促进获取清洁能源的研究和技术，包括可再生能源、能效，以及先进和更清洁的化石燃料技术，并促进对能源基础设施和清洁能源技术的投资	影响明显
60		7.b　到 2030 年，增建基础设施并进行技术升级，以便根据发展中国家，特别是最不发达国家、小岛屿发展中国家和内陆发展中国家各自的支持方案，为所有人提供可持续的现代能源服务	影响明显

（续）

序号	目标（17个）	子目标（169个）	受疫情影响程度
61	**目标8 促进持久、包容和可持续经济增长，促进充分的生产性就业和人人获得体面工作**	8.1 根据各国国情维持人均经济增长，特别是将最不发达国家国内生产总值年增长率至少维持在7%	影响明显
62		8.2 通过多样化经营、技术升级和创新，包括重点发展高附加值和劳动密集型行业，实现更高水平的经济生产力	影响明显
63		8.3 推行以发展为导向的政策，支持生产性活动、体面就业、创业精神、创造力和创新；鼓励微型和中小型企业通过获取金融服务等方式实现正规化并成长壮大	影响明显
64		8.4 到2030年，逐步改善全球消费和生产的资源使用效率，按照《可持续消费和生产模式方案十年框架》，努力使经济增长和环境退化脱钩，发达国家应在上述工作中做出表率	影响明显
65		8.5 到2030年，所有男女，包括青年和残疾人实现充分和生产性就业，有体面工作，并做到同工同酬	影响明显
66		8.6 到2020年，大幅减少未就业和未受教育或培训的青年人比例	影响明显
67		8.7 立即采取有效措施，根除强制劳动、现代奴隶制和贩卖人口，禁止和消除最恶劣形式的童工，包括招募和利用童兵，到2025年终止一切形式的童工	影响不明显
68		8.8 保护劳工权利，推动为所有工人，包括移民工人，特别是女性移民和没有稳定工作的人创造安全和有保障的工作环境	影响明显

（续）

序号	目标（17 个）	子目标（169 个）	受疫情影响程度
69	目标 8 促进持久、包容和可持续经济增长，促进充分的生产性就业和人人获得体面工作	8.9 到 2030 年，制定和执行推广可持续旅游的政策，以创造就业机会，促进地方文化和产品	影响明显
70		8.10 加强国内金融机构的能力，鼓励并扩大全民获得银行、保险和金融服务的机会	影响不明显
71		8.a 增加向发展中国家，特别是最不发达国家提供的促贸援助支持，包括通过《为最不发达国家提供贸易技术援助的强化综合框架》提供上述支持	影响明显*
72		8.b 到 2020 年，拟定和实施青年就业全球战略，并执行国际劳工组织的《全球就业契约》	影响明显
73	目标 9 建造具备抵御灾害能力的基础设施，促进具有包容性的可持续工业化，推动创新	9.1 发展优质、可靠、可持续和有抵御灾害能力的基础设施，包括区域和跨境基础设施，以支持经济发展和提升人类福祉，重点是人人可负担得起并公平利用上述基础设施	影响明显
74		9.2 促进包容可持续工业化，到 2030 年，根据各国国情，大幅提高工业在就业和国内生产总值中的比例，使最不发达国家的这一比例翻番	影响明显
75		9.3 增加小型工业和其他企业，特别是发展中国家的这些企业获得金融服务，包括负担得起的信贷的机会，将上述企业纳入价值链和市场	影响明显
76		9.4 到 2030 年，所有国家根据自身能力采取行动，升级基础设施，改进工业以提升其可持续性，提高资源使用效率，更多采用清洁和环保技术及产业流程	影响明显

（续）

序号	目标（17个）	子目标（169个）	受疫情影响程度
77	**目标9　建造具备抵御灾害能力的基础设施，促进具有包容性的可持续工业化，推动创新**	9.5　在所有国家，特别是发展中国家，加强科学研究，提升工业部门的技术能力，包括到2030年，鼓励创新，大幅增加每100万人口中的研发人员数量，并增加公共和私人研发支出	影响明显
78		9.a　向非洲国家、最不发达国家、内陆发展中国家和小岛屿发展中国家提供更多的财政、技术和技能支持，以促进其开发有抵御灾害能力的可持续基础设施	影响明显*
79		9.b　支持发展中国家的国内技术开发、研究与创新，包括提供有利的政策环境，以实现工业多样化，增加商品附加值	影响明显*
80		9.c　大幅提升信息和通信技术的普及度，力争到2020年在最不发达国家以低廉的价格普遍提供因特网服务	影响不明显
81	**目标10　减少国家内部和国家之间的不平等**	10.1　到2030年，逐步实现和维持最底层40%人口的收入增长，并确保其增长率高于全国平均水平	影响明显
82		10.2　到2030年，增强所有人的权能，促进他们融入社会、经济和政治生活，而不论其年龄、性别、残疾与否、种族、族裔、出身、宗教信仰、经济地位或其他任何区别	影响明显
83		10.3　确保机会均等，减少结果不平等现象，包括取消歧视性法律、政策和做法，推动与上述努力相关的适当立法、政策和行动	影响明显
84		10.4　采取政策，特别是财政、薪资和社会保障政策，逐步实现更大的平等	影响明显

（续）

序号	目标（17个）	子目标（169个）	受疫情影响程度
85	目标10 减少国家内部和国家之间的不平等	10.5 改善对全球金融市场和金融机构的监管和监测，并加强上述监管措施的执行	影响明显
86		10.6 确保发展中国家在国际经济和金融机构决策过程中有更大的代表性和发言权，以建立更加有效、可信、负责和合法的机构	影响不明显
87		10.7 促进有序、安全、正常和负责的移民和人口流动，包括执行合理规划和管理完善的移民政策	影响明显*
88		10.a 根据世界贸易组织的各项协议，落实对发展中国家、特别是最不发达国家的特殊和区别待遇原则	影响不明显
89		10.b 鼓励根据最需要帮助的国家，特别是最不发达国家、非洲国家、小岛屿发展中国家和内陆发展中国家的国家计划和方案，向其提供官方发展援助和资金，包括外国直接投资	影响明显
90		10.c 到2030年，将移民汇款手续费减至3%以下，取消费用高于5%的侨汇渠道	影响不明显
91	目标11 建设包容、安全、有抵御灾害能力和可持续的城市和人类住区	11.1 到2030年，确保人人获得适当、安全和负担得起的住房和基本服务，并改造贫民窟	影响明显
92		11.2 到2030年，向所有人提供安全、负担得起的、易于利用、可持续的交通运输系统，改善道路安全，特别是扩大公共交通，要特别关注处境脆弱者、妇女、儿童、残疾人和老年人的需要	影响明显

（续）

序号	目标（17个）	子目标（169个）	受疫情影响程度
93	**目标11　建设包容、安全、有抵御灾害能力和可持续的城市和人类住区**	11.3　到2030年，在所有国家加强包容和可持续的城市建设，加强参与性、综合性、可持续的人类住区规划和管理能力	影响明显
94		11.4　进一步努力保护和捍卫世界文化和自然遗产	影响明显*
95		11.5　到2030年，大幅减少包括水灾在内的各种灾害造成的死亡人数和受灾人数，大幅减少上述灾害造成的与全球国内生产总值有关的直接经济损失，重点保护穷人和处境脆弱群体	影响明显
96		11.6　到2030年，减少城市的人均负面环境影响，包括特别关注空气质量，以及城市废物管理等	影响不明显
97		11.7　到2030年，向所有人，特别是妇女、儿童、老年人和残疾人，普遍提供安全、包容、无障碍、绿色的公共空间	影响不明显
98		11.a　通过加强国家和区域发展规划，支持在城市、近郊和农村地区之间建立积极的经济、社会和环境联系	影响明显*
99		11.b　到2020年，大幅增加采取和实施综合政策和计划以构建包容、资源使用效率高、减缓和适应气候变化、具有抵御灾害能力的城市和人类住区数量，并根据《2015—2030年仙台减少灾害风险框架》在各级建立和实施全面的灾害风险管理	影响明显*
100		11.c　通过财政和技术援助等方式，支持最不发达国家就地取材，建造可持续的，有抵御灾害能力的建筑	影响明显*

（续）

序号	目标（17个）	子目标（169个）	受疫情影响程度
101	目标12　采用可持续的消费和生产模式	12.1　各国在照顾发展中国家发展水平和能力的基础上，落实《可持续消费和生产模式十年方案框架》，发达国家在此方面要做出表率	影响明显
102		12.2　到2030年，实现自然资源的可持续管理和高效利用	影响明显
103		12.3　到2030年，将零售和消费环节的全球人均粮食浪费减半，减少生产和供应环节的粮食损失，包括收获后的损失	影响不明显
104		12.4　到2020年，根据商定的国际框架，实现化学品和所有废物在整个存在周期的无害环境管理，并大幅减少它们排入大气以及渗漏到水和土壤的概率，尽可能降低它们对人类健康和环境造成的负面影响	影响明显
105		12.5　到2030年，通过预防、减排、回收和再利用，大幅减少废物的产生	影响不明显
106		12.6　鼓励各个公司，特别是大公司和跨国公司，采用可持续的做法，并将可持续性信息纳入各自报告周期	影响明显*
107		12.7　根据国家政策和优先事项，推行可持续的公共采购做法	影响不明显
108		12.8　到2030年，确保各国人民都能获取关于可持续发展以及与自然和谐的生活方式的信息并具有上述意识	影响不明显
109		12.a　支持发展中国家加强科学和技术能力，采用更可持续的生产和消费模式	影响明显*

（续）

序号	目标（17 个）	子目标（169 个）	受疫情影响程度
110	**目标 12　采用可持续的消费和生产模式**	12.b　开发和利用各种工具，监测能创造就业机会、促进地方文化和产品的可持续旅游业对促进可持续发展产生的影响	影响明显
111		12.c　对鼓励浪费性消费的低效化石燃料补贴进行合理化调整，为此，应根据各国国情消除市场扭曲，包括调整税收结构，逐步取消有害补贴以反映其环境影响，同时充分考虑发展中国家的特殊需求和情况，尽可能减少对其发展可能产生的不利影响并注意保护穷人和受影响社区	影响不明显
112	**目标 13　采取紧急行动应对气候变化及其影响**	13.1　加强各国抵御和适应气候相关的灾害和自然灾害的能力	影响明显
113		13.2　将应对气候变化的举措纳入国家政策、战略和规划	影响明显
114		13.3　加强气候变化减缓、适应、减少影响和早期预警等方面的教育和宣传，加强人员和机构在此方面的能力	影响明显
115		13.a　发达国家履行在《联合国气候变化框架公约》下的承诺，即到 2020 年每年从各种渠道共同筹资 1 000 亿美元，满足发展中国家的需求，帮助其切实开展减缓行动，提高履约的透明度，并尽快向绿色气候基金注资，使其全面投入运行	影响明显*
116		13.b　促进在最不发达国家和小岛屿发展中国家建立增强能力的机制，帮助其进行与气候变化有关的有效规划和管理，包括重点关注妇女、青年、地方社区和边缘化社区	影响明显*

（续）

序号	目标（17 个）	子目标（169 个）	受疫情影响程度
117	目标 14 保护和可持续利用海洋和海洋资源以促进可持续发展	14.1 到 2025 年，预防和大幅减少各类海洋污染，特别是陆上活动造成的污染，包括海洋废弃物污染和营养盐污染	影响明显
118		14.2 到 2020 年，通过加强抵御灾害能力等方式，可持续管理和保护海洋和沿海生态系统，以免产生重大负面影响，并采取行动帮助它们恢复原状，使海洋保持健康，物产丰富	影响明显*
119		14.3 通过在各层级加强科学合作等方式，减少和应对海洋酸化的影响	影响明显*
120		14.4 到 2020 年，有效规范捕捞活动，终止过度、非法、未报告和无管制的捕捞活动以及破坏性捕捞做法，执行科学的管理计划，以便在尽可能短的时间内使鱼群量至少恢复到其生态特征允许的能产生最高可持续产量的水平	影响不明显
121		14.5 到 2020 年，根据国内和国际法，并基于现有的最佳科学资料，保护至少 10% 的沿海和海洋区域	影响不明显
122		14.6 到 2020 年，禁止某些助长过剩产能和过度捕捞的渔业补贴，取消助长非法、未报告和无管制捕捞活动的补贴，避免出台新的这类补贴，同时承认给予发展中国家和最不发达国家合理、有效的特殊和差别待遇应是世界贸易组织渔业补贴谈判的一个不可或缺的组成部分	影响不明显
123		14.7 到 2030 年，增加小岛屿发展中国家和最不发达国家通过可持续利用海洋资源获得的经济收益，包括可持续地管理渔业、水产养殖业和旅游业	影响明显*

（续）

序号	目标（17个）	子目标（169个）	受疫情影响程度
124	目标14　保护和可持续利用海洋和海洋资源以促进可持续发展	14.a　根据政府间海洋学委员会《海洋技术转让标准和准则》，增加科学知识，培养研究能力和转让海洋技术，以便改善海洋的健康，增加海洋生物多样性对发展中国家，特别是小岛屿发展中国家和最不发达国家发展的贡献	影响不明显
125		14.b　向小规模个体渔民提供获取海洋资源和市场准入机会	影响明显
126		14.c　按照《我们希望的未来》第158段所述，根据《联合国海洋法公约》所规定的保护和可持续利用海洋及其资源的国际法律框架，加强海洋和海洋资源的保护和可持续利用	影响明显
127	目标15　保护、恢复和促进可持续利用陆地生态系统，可持续管理森林，防治荒漠化，制止和扭转土地退化，遏制生物多样性的丧失	15.1　到2020年，根据国际协议规定的义务，保护、恢复和可持续利用陆地和内陆的淡水生态系统及其服务，特别是森林、湿地、山麓和旱地	影响明显*
128		15.2　到2020年，推动对所有类型森林进行可持续管理，停止毁林，恢复退化的森林，大幅增加全球植树造林和重新造林	影响明显*
129		15.3　到2030年，防治荒漠化，恢复退化的土地和土壤，包括受荒漠化、干旱和洪涝影响的土地，努力建立一个不再出现土地退化的世界	影响明显*
130		15.4　到2030年，保护山地生态系统，包括其生物多样性，以便加强山地生态系统的能力，使其能够带来对可持续发展必不可少的益处	影响不明显

（续）

序号	目标（17个）	子目标（169个）	受疫情影响程度
131	目标15　保护、恢复和促进可持续利用陆地生态系统，可持续管理森林，防治荒漠化，制止和扭转土地退化，遏制生物多样性的丧失	15.5　采取紧急重大行动来减少自然栖息地的退化，遏制生物多样性的丧失，到2020年，保护受威胁物种，防止其灭绝	影响明显
132		15.6　根据国际共识，公正和公平地分享利用遗传资源产生的利益，促进适当获取这类资源	影响明显*
133		15.7　采取紧急行动，终止偷猎和贩卖受保护的动植物物种，处理非法野生动植物产品的供求问题	影响明显
134		15.8　到2020年，采取措施防止引入外来入侵物种并大幅减少其对土地和水域生态系统的影响，控制或消灭其中的重点物种	影响明显*
135		15.9　到2020年，把生态系统和生物多样性价值观纳入国家和地方规划、发展进程、减贫战略和核算	影响明显*
136		15.a　从各种渠道动员并大幅增加财政资源，以保护和可持续利用生物多样性和生态系统	影响明显*
137		15.b　从各种渠道大幅动员资源，从各个层级为可持续森林管理提供资金支持，并为发展中国家推进可持续森林管理，包括保护森林和重新造林，提供充足的激励措施	影响明显*
138		15.c　在全球加大支持力度，打击偷猎和贩卖受保护物种，包括增加地方社区实现可持续生计的机会	影响明显*

（续）

序号	目标（17个）	子目标（169个）	受疫情影响程度
139	目标16　创建和平、包容的社会以促进可持续发展，让所有人都能诉诸司法，在各级建立有效、负责和包容的机构	16.1　在全球大幅减少一切形式的暴力和相关的死亡率	影响明显
140		16.2　制止对儿童进行虐待、剥削、贩卖以及一切形式的暴力和酷刑	影响不明显
141		16.3　在国家和国际层面促进法治，确保所有人都有平等诉诸司法的机会	影响不明显
142		16.4　到2030年，大幅减少非法资金和武器流动，加强追赃和被盗资产返还力度，打击一切形式的有组织犯罪	影响不明显
143		16.5　大幅减少一切形式的腐败和贿赂行为	影响不明显
144		16.6　在各级建立有效、负责和透明的机构	影响明显
145		16.7　确保各级的决策反应迅速，具有包容性、参与性和代表性	影响明显*
146		16.8　扩大和加强发展中国家对全球治理机构的参与	影响不明显
147		16.9　到2030年，为所有人提供法律身份，包括出生登记	影响不明显
148		16.10　根据国家立法和国际协议，确保公众获得各种信息，保障基本自由	影响不明显
149		16.a　通过开展国际合作等方式加强相关国家机制，在各层级提高各国尤其是发展中国家的能力建设，以预防暴力，打击恐怖主义和犯罪行为	影响明显
150		16.b　推动和实施非歧视性法律和政策以促进可持续发展	影响明显

（续）

序号	目标（17个）	子目标（169个）		受疫情影响程度
151	目标17 加强执行手段，重振可持续发展全球伙伴关系	筹资	17.1 通过向发展中国家提供国际支持等方式，改善国内征税和提高财政收入的能力，加强筹集国内资源	影响明显*
152			17.2 发达国家全面履行官方发展援助承诺，包括许多发达国家向发展中国家提供占发达国家国民总收入0.7%的官方发展援助，以及向最不发达国家提供占比0.15%至0.2%援助的承诺；鼓励官方发展援助方设定目标，将占国民总收入至少0.2%的官方发展援助提供给最不发达国家	影响明显
153			17.3 从多渠道筹集额外财政资源用于发展中国家	影响明显
154			17.4 通过政策协调，酌情推动债务融资、债务减免和债务重组，以帮助发展中国家实现长期债务可持续性，处理重债穷国的外债问题以减轻其债务压力	影响明显
155			17.5 采用和实施对最不发达国家的投资促进制度	影响明显
156		技术	17.6 加强在科学、技术和创新领域的南北、南南、三方区域合作和国际合作，加强获取渠道，加强按相互商定的条件共享知识，包括加强现有机制间的协调，特别是在联合国层面加强协调，以及通过一个全球技术促进机制加强协调	影响明显*

（续）

序号	目标（17个）	子目标（169个）		受疫情影响程度
157	目标17 加强执行手段，重振可持续发展全球伙伴关系	技术	17.7 以优惠条件，包括彼此商定的减让和特惠条件，促进发展中国家开发以及向其转让、传播和推广环境友好型的技术	影响明显*
158			17.8 促成最不发达国家的技术库和科学、技术和创新能力建设机制到2017年全面投入运行，加强促成科技特别是信息和通信技术的使用	影响明显*
159		能力建设	17.9 加强国际社会对在发展中国家开展高效的、有针对性的能力建设活动的支持力度，以支持各国落实各项可持续发展目标的国家计划，包括通过开展南北合作、南南合作和三方合作	影响明显*
160		贸易	17.10 通过完成多哈发展回合谈判等方式，推动在世界贸易组织下建立一个普遍、以规则为基础、开放、非歧视和公平的多边贸易体系	影响明显*
161			17.11 大幅增加发展中国家的出口，尤其是到2020年使最不发达国家在全球出口中的比例翻番	影响明显
162			17.12 按照世界贸易组织的各项决定，及时实现所有最不发达国家的产品永久免关税和免配额进入市场，包括确保对从最不发达国家进口产品的原产地优惠规则是简单、透明和有利于市场准入的	影响不明显

（续）

序号	目标（17个）	子目标（169个）			受疫情影响程度
163	目标17 加强执行手段，重振可持续发展全球伙伴关系	系统性问题	政策和机制的一致性	17.13 加强全球宏观经济稳定，包括为此加强政策协调和政策一致性	影响明显*
164				17.14 加强可持续发展政策的一致性	影响明显*
165				17.15 尊重每个国家制定和执行消除贫困和可持续发展政策的政策空间和领导作用	影响明显*
166			多利益攸关方伙伴关系	17.16 加强全球可持续发展伙伴关系，以多利益攸关方伙伴关系作为补充，调动和分享知识、专长、技术和财政资源，以支持所有国家，尤其是发展中国家实现可持续发展目标	影响明显
167				17.17 借鉴伙伴关系的经验和筹资战略，鼓励和推动建立有效的公共、公私和民间社会伙伴关系	影响明显*
168			数据、监测和问责	17.18 到2020年，加强向发展中国家，包括最不发达国家和小岛屿发展中国家提供的能力建设支持，大幅增加获得按收入、性别、年龄、种族、民族、迁徙情况、残疾情况、地理位置和各国国情有关的其他特征分类的高质量、及时和可靠的数据	影响明显
169				17.19 到2030年，借鉴现有各项倡议，制定衡量可持续发展进展的计量方法，作为对国内生产总值的补充，协助发展中国家加强统计能力建设	影响不明显

注：其中带有*的影响明显的子目标，为限于时间、资料数据的可及性等，暂时还没办法很好证明该子目标受影响程度，所以在目前研究中暂缺对该子目标的分析。

图书在版编目（CIP）数据

2030年可持续发展目标的进展及对策研究 / 中国国际扶贫中心主编. —北京：中国农业出版社，2022.12
ISBN 978-7-109-30294-5

Ⅰ.①2… Ⅱ.①中… Ⅲ.①可持续发展－研究－世界 Ⅳ.①X22

中国版本图书馆CIP数据核字（2022）第231957号

中国农业出版社出版
地址：北京市朝阳区麦子店街18号楼
邮编：100125
责任编辑：潘洪洋
版式设计：王　晨　　责任校对：周丽芳
印刷：北京中兴印刷有限公司
版次：2022年12月第1版
印次：2022年12月北京第1次印刷
发行：新华书店北京发行所
开本：700mm×1000mm　1/16
印张：13
字数：210千字
定价：78.00元
